新型农作制度50例

浙江省农业技术推广中心　组编

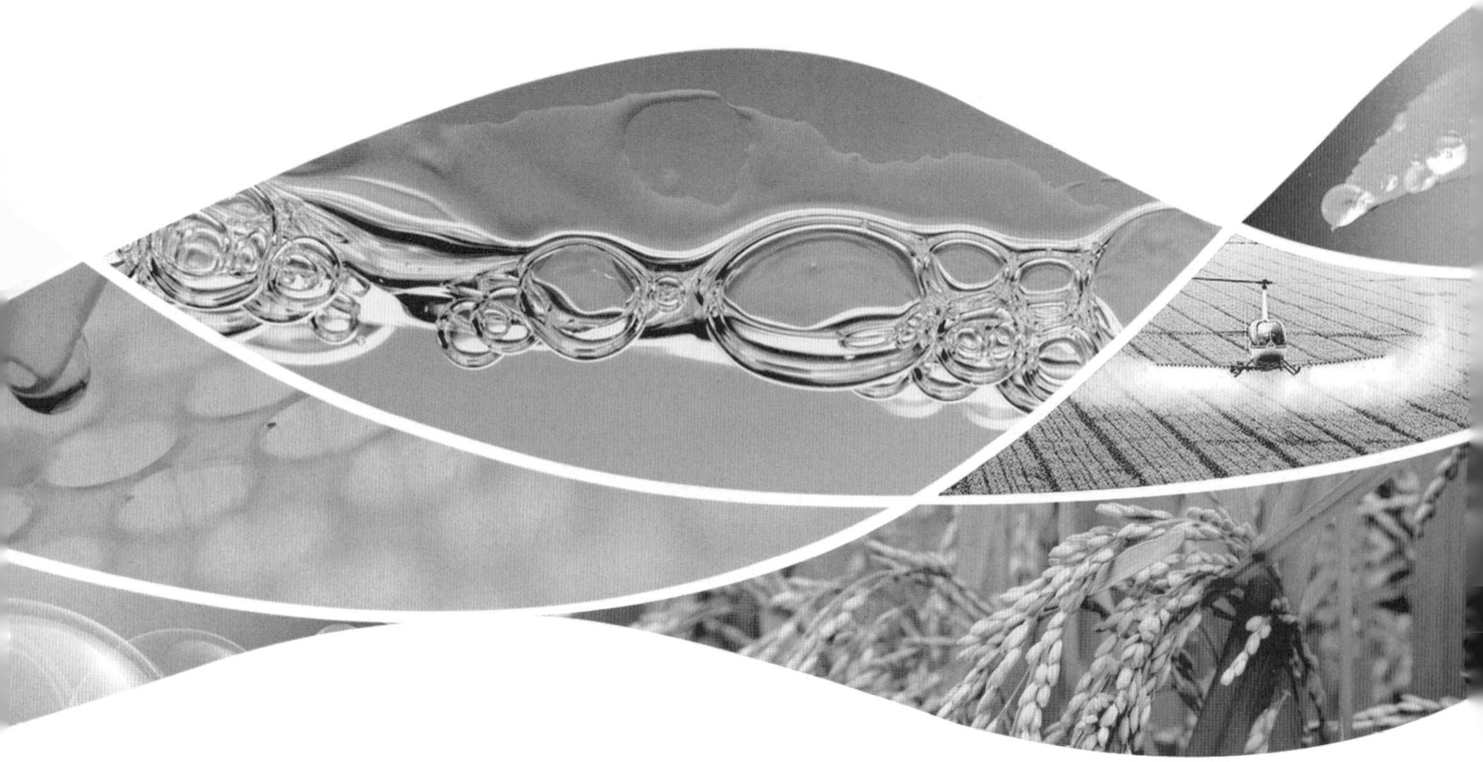

中国农业科学技术出版社

图书在版编目(CIP)数据

新型农作制度50例 / 浙江省农业技术推广中心组编. -- 北京 : 中国农业科学技术出版社， 2017.8

ISBN 978-7-5116-3198-5

Ⅰ. ①新… Ⅱ. ①浙… Ⅲ. ①耕作制度
Ⅳ. ①S344

中国版本图书馆CIP数据核字(2017)第181669号

责任编辑 闫庆健
文字加工 李功伟
责任校对 马广洋
出 版 者 中国农业科学技术出版社
北京市中关村南大街12号 邮编:100081
电 话 (010)82106632(编辑部) (010)82109702(发行部)
(010)82109709(读者服务部)
传 真 (010)82106625
网 址 http://www.castp.cn
经 销 者 各地新华书店
印 刷 者 北京富泰印刷有限责任公司
开 本 889mm×1194mm 1/16
印 张 12.5
字 数 304千字
版 次 2017年8月第1版 2017年8月第1次印刷
定 价 35.00元

《新型农作制度50例》

主　　编　王岳钧

副 主 编　吴海平　吴早贵

编写人员　(以姓氏笔画为序)

马雅敏　马方芳　方文英　方桂清　王岳钧
王　斌　王　驰　王文华　王碧林　文冬华
毛伟强　厉永强　田漫红　包立生　许剑锋
许廉明　江鸿飞　李金辉　邹爱雷　怀　燕
陈生良　陈燕华　陈　青　陈华勇　陈　俊
汪明德　杨凤丽　杨海青　谷利群　何贤超
邵　慧　吴海平　吴早贵　吴　平　吴美娟
吴纯清　苏英京　沈舟兵　沈年桥　张育青
张　薇　张　林　张善华　余　星　余维良
陆久忠　杭　勇　金　晶　林　辉　林友红
周炎生　周建松　姚　军　姚　莹　姚学良
胡美华　姜娟萍　俞镇浩　俞燎远　倪龙凤
徐　丹　徐　波　钱文春　淡灵珍　黄洪明
黄新灿　梅洪飞　韩扬云　鲁燕君　董航顺
董久鸣　崔东柱　赖建红　雷军成　鲍金平
熊彩珍　廖益民　蔡炳祥　潘美良

序

农作制度是指在一定的自然资源状况、社会经济条件和科学技术水平下，一个地区或一个农业生产主体为了持续高产高效所采取的包括调整作物布局、优化种植方式、完善用养地制度、合理配置生产要素在内的综合生产系统。良好的农作制度，是增加土地产出、保护农业资源、提升产品品质和提高经济收益的重要基础。新中国成立以来，浙江省农作制度创新和推广大体经过了三个阶段：20世纪60—80年代中期，围绕解决吃饭问题，大力推广“麦—稻—稻”“油—稻—稻”等以粮为主的多熟种植制度；80年代中期到90年代末，围绕增加农民收入，加快种植业结构调整，扩大种植蔬菜、水果、茶叶等高效经济作物，建立了粮经合理搭配的种植制度；世纪之交以来，围绕粮食稳产、农业增效、农民增收，重点创新和推广了水旱轮作、粮经结合、立体种养等生态高效种植制度，即新型农作制度。浙江的农作制度发展过程也可以这样描述：超纲要—吨粮田—千斤粮万元钱。

浙江省委省政府高度重视农作制度创新与推广工作，始终强调要大力推广农牧结合、稻鱼共生等新型种养模式，不断扩大新型农作制度覆盖面，着力构建生态循环、绿色发展体系。根据省委省政府部署，2014年，浙江省农业厅专门印发《关于加快新型农作制度推广的通知》，指导和推动各地牢牢把握稳粮增效、节约集约、生态循环原则，强化瓶颈难题攻关、新品种新技术试验、模式组装配套和农机农艺融合，积极开展农作制度创新示范点建设，按照“产业互融、综合利用、技术引领、优质高效”要求，总结创新一批可复制、可推广的示范样板，以点带面，加快新型农作制度推广和应用。截至2016年年底，全省累计推广立体种养、水旱轮作、旱地多熟和园地套种等各类新型农作制度面积800多万亩，新增经济效益40余亿元，建立省级示范点175个，涌现出大批稳粮增效、资源节约、环境友好、循环利用的新型农作模式，有效地推进了农业转方式、调结构、促发展。

当前及今后一段时期，推进农业供给侧结构性改革是“三农”工作的主线，主要目的是要加快发展绿色农业、提高农业供给质量和效益。创新和推广形式多样的绿色生态可持续新型农作制度，是有效推进粮食绿色稳产、农业绿色增效的重要途径，是促进资源节约环境友好、增加绿色优质农产品供给的重要支撑，是统筹保障老百姓“米袋子”“菜篮子”和农民“钱袋子”的重要抓手，对于深化农业供给侧结构性改革、实现农业可持续发展具有十分重要的意义。

《新型农作制度50例》是在农作制度创新示范点建设基础上，总结、提炼而形成的技术模式集锦。书中收集了全省四大类50种理念先进、生态高效、可复制可推广的代表性农作模式。每种模式按基本概况、产量效益、茬口安排和关键技术四个部分进行表述，内容丰富，语言简练，图文并茂，易懂易学。全书由众多生产实践经验丰富的专家和技术人员编写而成，融合了粮油、经作、水产、畜牧、植保、土肥、农机等不同产业、领域的技术精华，既是实践经验的总结，也是理论发展的提升，是广大基层农技人员和农业从业主体不可多得的生产指导用书。该书的出版必将对高水平推进浙江省农业现代化建设起到重要的推动作用。

林健东

浙江省农业厅厅长

2017年7月20日

目　录

第一篇　立体种养（共11例）

第二篇　水旱轮作（共19例）

第三篇　旱地多熟(共10例)

第四篇　园地套种(共10例)

第一篇（共 11 例）

立体种养

稻鱼共生高效生态种养模式

基本概况

浙江稻田养鱼历史悠久，早在1200多年前，先民就利用种植水稻，同时养殖鲤鱼，培育了具有地方特色的鱼种（俗称田鱼），创造了稻鱼共生种养技术，并诞生了“尝新饭”“祭祖祭神”“青田鱼灯”等独具特色的稻鱼文化。2005年6月，浙江省青田稻鱼共生系统被联合国粮农组织列为首批全球重要农业文化遗产（GIAHS）保护，也是中国第一个全球重要农业文化遗产。目前全省稻田养鱼面积近20万亩（1亩≈667平方米，全书同），主要分布于丽水、温州山区县市，嘉兴、湖州等水网平原也有少量发展。

传统稻田养鱼以稻护鱼，以鱼促稻，将种稻和养鱼有机地结合起来，发挥了水稻和鱼类共生互利的作用，获得稻鱼双丰收。水稻为田鱼提供适宜的生态环境、部分饵料，可减少饲料的投入和鱼病的发生；田鱼吃稻田里杂草和部分害虫，可控制稻田病虫草害的发生，减少农药施用，鱼排泄粪便可肥田，鱼在稻田中来回游动，翻动泥土，起到松土作用，促进肥料分解，有利于水稻分蘖和根系的发育，可减少肥料施用。稻鱼共生是典型的稻田综合种养生态农业模式，能稳定粮食生产、增加种粮效益。但传统稻鱼生产方式存在着单产低、生产规模小、比较效益低、产业体系落后等问题。随着水稻超级稻、旱播稀植、精确施肥、新型肥（饵）料等新技术推广以及农业向生态循环发展的要求，传统稻鱼共生技术要求不断创新。近年来，根据传统稻鱼共生模式，以“改进稻田基础设施，适控水稻种植密度，投放大规格鱼种，合理施投肥饵，逐步提升稻田水位，平衡健康种养”为核心，集成创新了稻鱼共生高效生态种养模式。

全球农业文化遗产保护地龙现村

本页图：诗画小舟山

产量效益

稻鱼共生高效生态种养模式，在浙南山区根据水稻生产情况，有“单季稻鱼共生”“再生稻鱼共生”两种类型。一般水稻亩产量400~550千克，鲜鱼产量50~150千克。以平均亩产水稻450千克、鲜鱼75千克，稻谷4元/千克、鲜鱼60元/千克计算，亩产值可达6 300元，扣除亩投入成本3 005元，亩纯收入3 295元。与单纯水稻相比，免用除草剂，少打农药2~3次，减少农药40%~60%，减少化肥30%~50%，经济和生态效益明显。

种类	产量(千克/亩)	产值(元/亩)	净利润(元/亩)
水稻	450	1 800	605
田鱼	75	4 500	2 690
合计	–	6 300	3 295

茬口安排

稻鱼共生高效生态种养模式茬口安排主要考虑水稻种植和田鱼放养时间，尽量延长稻鱼共生期，以提高稻鱼产量。根据浙南山区水稻生产季节特点，茬口安排如下。

一、单季稻鱼共生

单季水稻育秧安排在4月下旬至5月上旬，移栽定植安排在5月上旬至6月上旬，收获安排在9月下旬至10月上旬，田鱼苗一般在水稻移栽后一个星期左右放养，田鱼收捕时间可在水稻收割前或后，根据田鱼上市大小要求捕获，贮塘分批上市。稻田冬季可种植冬季作物或续养田鱼。

二、再生稻鱼共生

低海拔（400米以下）山区稻田，可种再生稻与田鱼共养。再生稻的头季于3月20日左右播种，4月20日左右移栽，8月中旬收割头季稻，11月上旬收割再生季。田鱼于水稻移栽后一个星期左右放养，田鱼收捕可根据田鱼上市要求，捕大留小，可捕获两次，第一次在头季收割前，第二次在再生季收割后。

本页图：稻鱼共生

种类	播种(放苗)期	收捕期
单季稻	4月下旬至5月上旬播种	9月下旬至10月上旬收割
再生稻	3月20日播种	头季8月中旬、再生季11月上旬收割
田鱼	4月下旬至6月上旬放鱼苗	9月下旬至10月下旬捕大留小续养

关键技术

一、田块基础设施要求

(1) 选好田块。田块要求水源充足，水质良好，无污染，排灌方便。田块的抗旱防涝，保水保肥能力要强，并且不渗漏。

(2) 田埂加宽、加高、加固。要求田埂高 50 厘米以上，宽 30 厘米以上，坚固结实，不漏不垮，最好能够硬化。

(3) 开好进、排水口。进水口和排水口要设在稻田斜对两端，进、排水口内侧用竹帘、铁丝网等做好拦鱼栅，栅的上端高出田埂 30~40 厘米，下端要埋入土中 20 厘米左右。拦鱼栅的孔径一般以能防止鱼逃出和水流畅通为原则。

(4) 搭棚遮阴。在进水口或投饲点搭棚，为鱼的生长创造一个良好的环境，做好防鸟害工作。

二、种子种苗选择

(1) 稻种选择。根据稻鱼共生的特点，结合当地气候和土壤条件，选择株型紧凑、抗病虫能力强和耐肥抗倒的高产杂交品种。如“中浙优 1 号”“甬优 9 号”等。再生稻还要考虑品种生育期适合，再生能力强。

(2) 田鱼选择。大规格夏花，品种以“青田田鱼”“瓯江彩鲤”为好。“青田田鱼”为地方特色品种，是青田农民长期结合水稻种植而培育驯化成的当家品种，性情温良，既耐高温又抗低温，耐浅水，食性杂，生命力强，能在稳定的原水域栖息、觅食，有红、黑、白、斑等色，肉质细嫩，鳞片柔软，营养丰富，口感好，生长速度快、经济价值高，非常适合稻田养殖。

田鱼种苗规格要求：大规格夏花田鱼苗 100~200 尾/千克；冬片田鱼苗 10~20 尾/千克。

三、水稻栽培管理

(1) 消毒和施肥。每亩用生石灰 50~75 千克消毒，并施有机肥 500~750 千克、三元复合肥 30 千克，以基肥为主，一般不施追肥，田鱼粪便能满足水稻中后期生长需求。

(2) 稀植。适当控制水稻种植密度，采用壮个体、小群体的栽培方法，移栽密度 30 厘米×30 厘米，每亩 0.7 万丛左右，单本移栽。

(3) 免搁田。稻鱼共生不需搁田，随水稻、田鱼生长逐步增加水位，利用深水位 (20~25 厘米) 控制水稻无效分蘖。

(4) 病虫草防治。以农业生态综合防治为主。稻鱼共生一般没有草害，不用除草剂，而且能有效控制稻飞虱、螟虫、纹枯病发生，防治水稻病虫害关键在抽穗期。水稻防病治虫时，要加深田中水位，并选用高效低毒农药，禁止使用水胺硫磷、菊酯类

本页图：稻黄鱼肥丰收景象

农药，对使用过菊酯类农药的器具，要先洗净后再用。

四、田鱼放养管理

（1）投放。在水稻移栽后一个星期左右，放大规格夏花田鱼苗300~500尾/亩，同时可放冬片100~200尾/亩。田鱼苗种运输前2天禁食，并用2%~3%盐水消毒3~5分钟，然后放入稻田中。

（2）投喂。投饲配合饲料或农家米糠、麦麸、豆渣等，按稻田中鱼苗重的2.5%定量、定时、定点投喂，早、晚各1次。

（3）防病虫鸟害。稻鱼共生田鱼一般不发生病害，要防止水蛇、食鱼鸟、水田鼠等对鱼造成危害。前期主要防白鹭，可用防鸟网。

（4）巡田。注意防旱、防涝、防逃，保持流水清新，保证拦鱼设施完好。

五、收捕贮塘上市

水稻成熟，带水割稻，捕成鱼上市，留小鱼续养。10—12月可收获0.4~0.5千克/尾的成鱼，贮塘随时上市。

六、再生稻鱼共生

再生稻鱼共生能延长稻鱼共生期60~70天，提高稻鱼产量，水稻增加一季再生稻200千克/亩以上，田鱼增加30~50千克/亩，而且可提高田鱼品质。

（1）提早种养。水稻于3月20日左右采用大、小棚育苗，要比单季稻提早一个月，田鱼苗也提早一个月放养。

（2）适割高度。适当提高再生稻的头季稻收割高度，一般留桩40厘米左右。

（3）免施追肥。免施催芽肥和促苗肥。

（4）喷药施肥。再生稻头季收割后马上防治稻飞虱等虫害，喷药时可加适量氮肥叶面喷施。

执笔：青田县农作物管理站 邹爱雷

浙江省农业技术推广中心 怀 燕

稻甲鱼共生高效生态种养模式

基本概况

湖州地处长江三角洲腹地，素有“鱼米之乡”之称，淡水养殖发达，仅德清县年中华鳖养殖面积就达 1.7 万亩。为解决渔粮争地矛盾，近年来积极探索创新农田稻渔复合模式。2011 年，浙江清溪鳖业有限公司首次尝试稻鳖共生试验并获得成功。经过几年的摸索，解决了稻鳖共生新型种养模式的技术难题，为稳粮增收可持续发展走出了新路子。采用稻鳖共生模式，可以做到种稻不施肥、不治虫，改良鳖池底质，减少鳖病发生，实现稳粮增收，全年产粮 500 千克以上，亩产值 20 000 元以上，亩利润 10 000 元。该模式已在湖州、嘉兴、杭州、衢州等地逐步推广开来，年应用面积 1 万余亩。

产量效益

据调查，稻鳖共生水稻平均亩产 600 千克，亩产值 5 150 元，亩成本 1 200 元，亩利润 3 950 元；鳖亩产量 200 千克，亩产值 21 450 元，亩成本 15 210 元，亩利润 6 240 元。合计亩产值 26 600 元，亩成本 16 410 元，亩利润 10 190 元，实现了“千斤粮万元钱”的目标。

作物	产量(千克/亩)	产值(元/亩)	净利润(元/亩)
水稻	600	5 150	3 950
鳖	200	21 450	6 240
合计	—	26 600	10 190

稻鳖共生养殖场

茬口安排

水稻在5月上中旬播种育秧，5月下旬移栽，10月下旬开始收割；幼鳖的放养时间为7月上旬，在插秧20天后放倒拦板让幼鳖进入稻田。11月开始，鳖可根据销售需要分批起捕或一次捕尽。

作物	播植期	收获期
水稻	5月中下旬至6月中旬机插	10月下旬
鳖	7月上旬	11月至年底

关键技术

一、水稻生产技术要点

(1) 灌水杀蛹，养鱼灭草，干塘消毒晒塘。上年11月初，水稻收获后，稻草全部还田，放水40~50厘米，每亩放养规格1~1.25千克/尾的草鱼20尾。利用草鱼吃食田间杂草及遗落的稻谷，不喂任何鱼饲料。还可以放养少量的小龙虾（学名：克氏原螯虾）1.5千克/亩。翌年5月上旬放干田水，并用100千克/亩生石灰全塘消毒处理并晒塘7天，消灭有毒病原体及真菌类病源。后用拖拉机旋耕二次耥平即可插种。经该技术处理后，晚稻插种后与多年养殖田改种水稻一样，基本上看不到杂草危害，水稻真菌性病害发生率也很低。

(2) 选用抗病抗逆性强的晚粳稻品种。选用优质、高产、抗病性抗倒性较强的中迟熟晚粳稻品种，由于该技术后期水稻长期处于灌深水状态，具有较强耐湿能力的品种更佳。根据实践，“嘉58”“甬优538”“嘉优5号”“秀水134”“浙粳99”“嘉禾218”等晚粳稻品种皆可种植。播种时间常规晚粳稻5月15日前后，杂交晚粳稻5月5—10日为宜。

(3) 石灰水浸种，消灭种传病害。种子用3%石灰水浸种，消灭种传病害。浸种时保持种子离水面15厘米以上且不要搅动水面，浸足48小时后用清水冲洗干净，催芽播种。秧田期栽培管理技术可参照常规有机栽培技术。

(4) 宽行窄株，少本稀植。5月下旬插种时，杂交晚粳稻品种插种密度控制在30厘米×（22~24）厘米，插足0.9万~1.0万丛/亩，每丛2本；常规晚粳稻品种插种密度控制在30厘米×（20~22）厘米，插足1.1万~1.2万丛/亩，每丛3本。

(5) 增施有机肥，提高植株抗病抗逆能力。利用鳖池多年沉积的有机营养物质和当季成鳖排泄物及残余饲料，基本能满足水稻一生的营养需要。若明显落黄需要肥料的，可增施500~1 000千克/亩的商品有机肥作底肥，绝对不能施用任何化学肥料。

(6) 稻鳖共生，生态调控“二迁”害虫。水稻插种后经过一个多月的生长，苗体生长已经转旺，已能承受鳖的活动。7月初放入250~300克/只规格幼鳖200~300只/亩，利用鳖的杂食性及昼夜不息的活动习性，为稻田除草、除虫、驱虫、肥田，同时稻田

本页图：稻鳖共生

也为鳖提供活动、休息、避暑场所和充足的水与丰富的食物。稻鳖共生期间，保持田间 10~15 厘米的水位。第四、五代褐稻虱高峰前 7 天，适当灌深水至 25~30 厘米，保持水位 7~10 天，达到有效驱虫杀卵及消除稻飞虱在水稻叶鞘上产卵的场所。

(7) 科学水浆管理，确保活熟到老。水稻插种后至 6 月底，按照水稻生产常规管理，可以适当露田促进水稻分蘖，但也要尽可能的及时上水，以水抑草，控制田间杂草生长。7 月初正是单季晚稻有效分蘖末期，也是实施稻鳖共生的始期。稻鳖共生期间尽可能保持田间水位 10 厘米以上。四、五代褐稻虱高峰期前后灌水至 25~30 厘米，10 月 10 日之后，排水搁田，让鳖逐步进入沟坑。后期干湿交替，确保水稻活熟到老。

(8) 保护生态，改善天敌生存环境。本种养模式主要采用甲鱼驱虫、天敌抑虫、调水抑虫、灯光诱虫等生态控制和物理措施抑制害虫。有条件的可在田埂边种植香根草及芝麻、向日葵、大豆等蜜源植物，改善天敌生存环境。切忌在塘坝上乱用农药破坏生态环境。

二、鳖养殖管理

(1) 鳖塘改造

① 堤埂改造：鳖放养前应新建或修补、加固、夯实田埂。

② 防逃墙的建造：可选用砖墙、铝塑板、石棉瓦等材质。水泥砖，底部要求 15 厘米宽×50 厘米高。

③ 沟坑：沟坑呈长方形，位置紧靠进水口的田角处或中间，面积控制在稻田总面积的 10%之内，深度 35~60 厘米。四周硬化，沟坑高出稻田平面 5~10 厘米，埂上设斜坡网片或栏片。

(2) 鳖塘消毒

老鳖池或者是开展“稻鳖共生”模式一年以上的田塘，放养前鳖塘都要进行清塘消毒。方法是晚稻收割鳖捕尽后，在年底利用稻鳖生产空闲时间进行整个田塘消毒处理，施用生石灰100千克/亩，杀灭田塘内有害病源菌和残余的鳖。

(3) 鳖的挑选与放养

① 苗种：鳖品种以选择生长速度适中、品质优良、抗逆力强、能适应多种养法的品种为宜，如“太湖鳖”或“中华鳖”。苗种应选用优质良种或从良种场购入。

② 放养时间：幼鳖的放养时间为7月上旬，在插秧30天左右进行。

③ 放养密度：幼鳖（一冬龄）一般每亩为100~500只。

④ 放养鳖时，要先将鳖限制在沟坑内，待水稻返青后再取消限制。

(4) 稻鳖共生管理

① 水稻合理种植：保障鳖的活动空间以及良好的通风和充足的阳光。

② 水位管理：插秧后前期以浅水勤灌为主，田间水层不超过3~4厘米，穗分化后，逐步提高水位并保持10~15厘米。

③ 投饲：以配合饲料为主，每天在沟坑里投喂两次，上午9—11时，下午5—6时，投料量一般为鳖体重的0.5%为宜。具体饲料投入量多少要根据当时天气、温度等状况而定，如遇天气状况不好而使幼鳖的食量减少，饲料投入量相应要减少。

④ 施肥除草：中华鳖养殖池塘种植水稻的一般无需施肥。种植几年后应该按需要施用有机肥和一定量的化肥。对于共生模式中少量杂草可以人工拔除。

⑤ 病害防治：中华鳖病害防治坚持以防为主的原则，发现死鳖要及时清理。平时沟坑每月要用生石灰或漂白粉进行消毒，从而最大限度减少疾病的发生，定期泼洒15~20毫克/升的生石灰或2毫克/升的漂白粉，注意生石灰和漂白粉的交替使用。5、6月和8、9月雨水多，突变天气情况多，可适当增加消毒次数。保证水质的透明度在0.25~0.35米，溶氧浓度在4毫克/升以上，COD在10~20毫克/升，氨氮不超过5毫克/升。水稻病虫害通过稻鳖共生互利、水稻合理稀栽以及生物诱虫灯等生态防控措施为主。及时清除水蛇、水老鼠等敌害生物，驱赶鸟类。

(5) 收获

① 收获前1个月排水搁田，搁田时，灌“跑马水”为主，使鳖进入沟坑，防止鳖逃逸。收割前10天断水。

② 水稻成熟后，应及时收割，秸秆还田。

③ 中华鳖的起捕可采用钩捕、地笼或清底翻挖等方式。

执笔：德清县农业局农作站 蔡炳祥

浙江省农业技术推广中心 许剑锋

芦苇稻与青虾共生模式

基本概况

芦苇稻是一种深水稻，稻株高可达180厘米，可种植在湖泊河道和鱼塘里，吸收水中营养，净化水质，而且不用施药，节本增效。该模式通过在青虾塘中种植芦苇稻，使芦苇稻和青虾共生，种养结合，净化了青虾塘水质，提高了青虾产量和品质，又使残余饲料、青虾粪便作为芦苇稻生长养料得到充分利用，增加了芦苇稻收益，实现稻虾双赢，是促进“稳粮增效、农民增收”的有效途径。该模式已在杭州、嘉兴、绍兴、金华等地得到推广应用，并逐步发展到其他水产养殖上。

产量效益

据调查，芦苇稻每亩池塘（按种植面积50%计算）可产稻谷176千克，稻谷价格6元/千克，每亩产值1 056元，每亩净收益533元；如果加工成大米，可生产大米114.4千克（按出米率6.5折计算），大米价格20元/千克，亩产值2 288元，净收益1 415元。青虾平均亩产105千克，价格96元/千克，亩产值10 080元，净收益4 330元。

作物	产量(千克/亩)	产值(元/亩)	净利润(元/亩)
芦苇稻稻谷	176	1 056	533
生态大米	114.4	2 288	1 415
青虾	105	10 080	4 330

本页图：“芦苇稻”是一种深水稻

芦苇稻与青虾共生

茬口安排

4月下旬至5月初育秧，温室育秧可提早到4月中旬，5月底至6月上旬移栽。也可于5月上旬虾塘直播栽培。10月下旬至11月上旬收获。青虾于7月中旬至8月初放苗，9月中旬起可以陆续捕捞上市。

作物	播植(移栽)期	采收期
芦苇稻	4月下旬至5月初播种,5月底6月上旬移栽	10月下旬至11月上旬
青虾	7月中旬至8月初放苗	9月中旬起捕捞

关键技术

一、环境条件和池塘准备

（1）*环境要求*。应选择光照好、地势平坦、集中连片、周围环境安静的种养区域。区域内水源充足、无污染，水质清新，进排水方便。

（2）*池塘要求*。池塘的面积一般为3~10亩，长方形为宜；池深1.5米左右，在种养后期池塘水位可以达到1~1.2米。为保障芦苇稻生长均匀，种稻处的塘底要求平整，且底部的淤泥层厚度不少于10厘米，以10~20厘米为宜。池塘塘埂坡比为1：(2.5~3)为宜，以便青虾夜间觅食。进排水口分开，进出水口用双层的80~100目聚乙烯筛网过滤，以防野杂鱼、蛙卵等敌害生物进入池中。10亩以下的池塘只需配备叶轮式增氧机，

10亩以上的池塘每15至20亩配备功率3千瓦的底增氧设备1套，采用盘式底盘，盘与盘间距为12~16米，离岸边3~5米。

（3）池塘准备。在种稻前抽干池水、平整淤泥，暴晒7天以上，并进行干塘消毒，每亩用生石灰75~100千克，使用时，需将生石灰在小池中化开，随即全池泼洒，药效可持续7~10天。也可使用50毫克/升漂白粉全池泼洒，药效可持续5天，能有效杀灭淤泥中的各种病原体。

池塘中野杂鱼类多时，可用茶子饼清塘，用量为每亩30~40千克。使用时，茶子饼加水浸泡24小时，连渣一起全池泼洒，药效可持续10~20天。能杀死鱼类、蝌蚪、螺、蚂蝗和部分水生昆虫，减少塘内的有机物及其发酵产生的氨氮、硫化氢、亚硝酸盐等有害物质。施用后即为有机肥料，能起肥水作用。

芦苇稻栽种前5~7天，注水40~50厘米。每亩施发酵过的有机肥100~150千克，或施生物肥2~5千克。

二、芦苇稻种植技术

（1）品种选择。选择适宜池塘种植的专用水稻品种（系），要求株高1.8m左右，根系发达，每个稻节均能形成发达的水生根，茎秆粗壮，秆壁厚且硬，抗倒伏、抗病虫。

（2）育秧。每年4月20日至5月上中旬进行大田育秧，秧龄35天、叶龄6叶、苗高30~40厘米为宜，将抽穗杨花期安排在9月上中旬。为提早芦苇稻成熟期，可提早到4月中旬在简易温室内进行苗床育苗或育秧盘育苗。秧地选择背风、向阳、水源方便、无污染、肥沃平整的地块。

种子应经过选种、浸种、捂种催芽等步骤。浸种前晒种1~2天，扬净去除秕谷、杂质。将种子置于浸种池或其他备好的容器中，加入清水浸泡12小时，换水冲洗种子，再用浸种剂浸种24小时，洗净。将浸好的种谷洗净沥干，在简易温室等设施内麻袋捂种催芽，以35~38℃温水调节袋内种子温度到30℃左右，维持2~3天至种子全部露白。露白后要经常翻堆散热，并淋25℃左右的温水，保持谷堆湿润，促进幼芽生长，“根长一粒谷，芽长半粒谷”时播种。

育秧方式有露天苗床育秧和容器育秧两种。露天苗床育秧宜在4月下旬至5月上中旬进行，做好苗床当天或第二天播种，播前先浇一遍水，确保墒面湿润。为培育壮秧，建议采用稀直播的方法，每平方米苗床播芽谷80~100克，边播种边盖细土，覆土厚度0.5厘米左右，以不露籽为宜。

容器育秧可采取直径8~10厘米营养钵点播的方法育秧，每个营养钵每穴播芽谷3~4粒，直接选用渔塘淤泥作为基质。秧苗5~6叶、30~40厘米高时，即可视虾塘养殖情况进行摆秧。

（3）栽种。栽种时根据虾塘面积合理安排芦苇稻覆盖面积，芦苇稻栽种于离塘埂

8~10 米处的池塘底部，同时避开锅底型池塘中心水位过深处。以芦苇稻代替虾塘中的水生植物，在虾苗放养前栽种完毕并且已完成分蘖。栽种方式有插秧、摆秧、直播三种。

① 插秧：5 月底至 6 月上旬，当芦苇稻秧苗生长到 5~6 叶时进行移栽。移栽时水位控制在 25~30 厘米，移栽密度 50×50 厘米，每丛 3~4 株。覆盖面积占虾塘总水面的 50%~60%。具体分布依实际情况和便于日常的捕捞为准。

② 摆秧：虾塘水位控制在 30 厘米以内。摆秧密度为 50×50 厘米，每丛 3~4 株。覆盖面积占虾塘总水面的 50%~60%。采用抛秧技术的，应控制在秧龄 50 天内、叶龄 6~8 叶，并在条件许可的情况下以早抛为宜。

③ 直播：5 月上旬至中旬进行直播。播种方式采用稀直播或点播的方法。稀直播，每亩用种量 0.2 千克左右；点播，每穴播芦苇稻芽谷 3~4 粒，播种密度为（40×40）厘米~（60×60）厘米，早播宜稀，迟播宜密。覆盖面积占虾塘总水面的 50%~60%。

（4）生长管理。芦苇稻在虾塘中按照原生态的方式进行管理。生长期间，一是不进行搁田；二是不施化肥；三是全生育期不喷施农药。

芦苇稻移栽后，1 周内秧苗会经历一个扎根、返青、发根的过程，此时虾塘水位控制在 30 厘米左右为宜；栽种后 1~3 周，芦苇稻进入分蘖期，此时最好能使虾塘水位降至 10 厘米以下。其后芦苇稻生长加快，根据株高，逐次提高水位。拔节期间，水位宜控制 50 厘米左右；盛夏拔节孕穗时控制在 80~90 厘米（以水位不淹没新叶为准），同时，可以防止二化螟、三化螟；成熟时，控制在 1.0~1.2 米，可以有效防控稻飞虱。

（5）收获。10 月底至 11 月中旬，当稻穗谷粒颖壳 95%以上变黄，籽粒变硬，不易破碎，呈透明状，稻叶逐渐发黄时采用收割稻穗的方式收获。

三、青虾养殖技术

（1）虾种选种。选用淡水青虾品种。

（2）虾苗放养。虾苗体长在 2 厘米以上，体质健壮，规格整齐均匀；放养的虾苗宜就近选择青虾良种场购买，不宜长途运输。

7 月中旬至 8 月初放虾苗，每亩放养 4 万~6 万尾。放养时间应选择在晴天早晨进行，天气闷热和下雨天不宜放养，水温不超过 32℃，水深 40~50 厘米，虾苗一次性放足，使其自然游散，不可压积成堆。放养时避开青虾苗种脱壳高峰期，并开动底增氧 2~3 小时。

（3）养殖管理。青虾配合饲料应符合 GB 13078 和 NY 5072 的规定。饲料日投饲量为虾重的 3%~5%。每个池塘在离塘边 1~2 米处设置投饲观察台数个，每次投饲量以观察台上饲料 2 小时吃完为度，上午投总量的 30%，下午投总量的 70%；在青虾脱壳、天气闷热时适当减少投饲量。投饲时间为上午 7—8 时，下午 5—6 时。沿池塘四周浅滩处投喂，白天投饲位置远一些，晚上可近一些。

青虾养殖期间，每隔 15~20 天加注一次新水，每次注水量 15~20 厘米，注水时排出池底适量陈水。在 7—9 月高温季节，每隔 10 天左右或水体透明度在 25 厘米以下时，需加换新水 15 厘米。虾塘每隔 15~20 天泼洒生石灰，按每立方米水体 15~20 克，全池泼洒。或者泼洒含 28%有效氯漂白粉，按每立方米水体 1~1.5 克，全池泼洒。当虾塘水质透明度在 40 厘米以上，需使用充分发酵的有机肥和微生物制剂，调节水质。在晴天中午，或阴天清晨，闷热夜晚根据需要开机增氧。

（4）虾病防治。以每隔 15~20 天泼洒 1~1.5 毫克/升漂白粉或 20 毫克/升生石灰消毒一次，与水质调节剂交替施用。每天清除投饲观察台上的残饵，并采取 10 毫克/升漂白粉浸泡的方法消毒投饲观察台。一旦发现池塘中青虾患病，立即准确诊断病症，然后对症下药及时治疗。

（5）捕捞。9 月开始轮捕，每亩沿塘边摆放虾笼 2~4 只，进行诱捕，捕大留小，将达到商品规格的成虾陆续起捕上市。在翌年再次种稻前，可先用密网拉捕，抄网抄捕，最后排水干塘捕捞。

执笔：杭州市余杭区农业技术推广中心　方文英

杭州仁益农业开发有限公司　杭　勇

浙江省农业技术推广中心　许剑锋

稻鳅立体种养模式

基本概况

稻田养鳅是一种“粮经”结合的新型高效农作模式，在全省各地如海盐、开化等都有发展，面积逐年扩大。稻田里养殖泥鳅，不仅泥鳅的粪便可以肥田，滋养水稻，同时还能取食稻田中的害虫，减少水稻生产成本，水稻又为泥鳅提供适宜生长环境，促进泥鳅生长，实现稳粮增收。

产量效益

据调查，稻鳅立体生态种养模式泥鳅亩产量为544千克/亩，平均价格为50元/千克，亩产值27 200元，亩成本11 150元，亩效益16 050元；水稻亩产量为356千克/亩，经加工后稻米销售价格为16元/千克，亩产值3 702元，亩成本1 770元，亩效益1 932元。合计亩产值30 902元，亩成本12 920元，每亩实际效益为17 982元。

作物	产量(千克/亩)	产值(元/亩)	净利润(元/亩)
水稻	356	3 702	1 932
泥鳅	544	27 200	16 050
合计		30 902	17 982

泥鳅、南湖菱、稻生态共养

茬口安排

水稻播种期为5月15—20日，移栽期为6月5—10日，11月上旬开始收割。泥鳅放养时间为5月初，11月初开始捕捉泥鳅（抓大放小）。

作物	播(养)期	收获期
水稻	5月15~20日播种	11月上旬
泥鳅	5月初	11月初开始

关键技术

一、稻田设施建设

（1）稻田选择。用于养泥鳅的稻田，宜选择有充足水源，水源水质符合无公害养殖的要求，排灌方便，稻田的保水力强，土质肥沃，以黏土和壤土为好，有腐殖质丰富的淤泥层，不滞水，不渗水，干涸后不板结。

（2）开挖鱼沟。沿稻田四周开挖环型鱼沟，每隔40米左右开挖一条直沟。养殖沟成“田”字形，上宽2米、下宽1.5米，深1.8米，面积占稻田总面积的10%~15%。挖沟的泥土用于加固田埂。如田块较小，可采用“十”或“井”字型挖沟。田和沟之间要布设一定数量的进出通道，以便泥鳅能从不同方位进入稻田活动和觅食，需要搁田时泥鳅能回游到沟内。

（3）建设防逃设施。泥鳅的逃逸能力较强，进排水口、田埂的漏洞、垮塌，大雨时水漫过田埂等都易造成泥鳅的逃逸。因此，养殖泥鳅的稻田需加高加固田埂，田埂必须夯实，并在沟底、沟内侧、田埂覆盖进口黑白利得膜。进、排水口建二道拦鱼网。

（4）布设防鸟网。为防止鸟类等天敌危害，养殖场四周及顶部布设防鸟网。防鸟网高度以不影响工作人员、机械操作为度。

（5）完善进排水系统。进水池铺设陶粒层及鱼类净化池，达到净化水的目的。出水池通过污水处理池，达到合标排放及重新利用的目的。

二、泥鳅放养及管理

（1）泥鳅品种采用生长较快的“台湾泥鳅”，也可采用本地“青鳅”和“黄斑鳅”。放养时间为5月初，放养规格为3~5厘米，放养数量为18 000尾/亩。

（2）喂养。泥鳅多在晚上出来捕食浮游生物、水生昆虫、甲壳动物、水生高等植物碎屑以及藻类等，有时亦摄取水底腐殖质或泥渣。稻田养殖泥鳅要想取得高产，除培肥水质外，还应进行投饵喂养。主要投喂植物性饵料，如：麦麸、米糠等，也可用通威牌或明大牌鳅用膨化饲料，投饵量按鱼体重的1%~1.5%。投饵一般在傍晚进行，一次投足，天晴时也可分两到三次投喂。阴天和气压低的雨天应减少或不投饵料。5月及11月在养殖沟投喂，6—10月共生期在水田中投喂。

(3) 水位管理。水稻种植后返青期沟水低于田面，泥鳅在养殖沟中活动。水稻开始分蘖（直播水稻3叶期）到水稻蜡熟期（10月上旬）沟、田水相平，泥鳅与水稻共生。10月上旬水稻黄熟后至第二年再次种植前沟水低于田面、泥鳅重回沟内。必要时，如稻田翻耕栽种时，将泥鳅进出稻田的通道关闭，田、沟水分单独管理。

(4) 稻鳅共生

① 稻鳅共生期为6月10日至10月上旬。

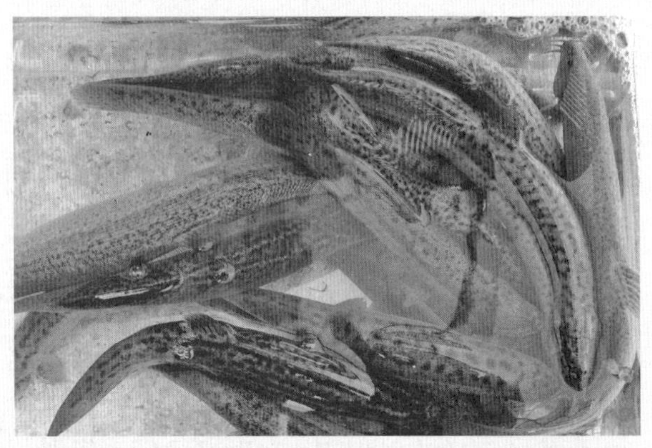

② 田水深度。6月稻田水深度保持在5厘米左右；保证泥鳅通过缺口进入水田；7—8月高温季节通过加深水位降低水体温度，田水深度应保持在10~15厘米；9—10月田水保持10厘米。10月上旬开始逐渐降低田水，到10月10日前排

围网可种植丝瓜等

干田水，泥鳅回游到养殖沟。

③ 除草。泥鳅在稻田浅水中游动、觅食草屑，达到松土、除草作用。水稻田不进行耘田、化学除草。

④ 施肥。通过施用有机肥，培肥水质，为泥鳅提供饵料。稻鳅共生期可减少饲料的投喂。注意水稻田不能施用化肥。

⑤ 防病治虫。水稻采用物理、生物方法防治虫害。选用抗病品种、少本稀植、增施有机肥等措施提高抗病性。不能使用化学药剂。

(5) 巡田

① 经常检查防鸟网及围网是否有损坏，防止鱼鹰、白鹭、夜鹭、蛇、鼠等进入吃掉泥鳅。

② 对进、排水孔及堤坝进行严格检查，及时封堵池埂小洞或裂缝，修复或更换破损的进排水口设备。暴雨前及时加固池埂，疏通进、排水口及渠道，避免发生溢水逃离。

三、水稻种植及管理

(1) 选种。水稻选用高产优质抗倒的粳稻品种，采用机插栽培，播种期为 5 月 15—20 日，移栽期为 6 月 5—10 日，用种量为 1 千克/亩，种植株行距为 30 厘米×22 厘米。

(2) 肥水管理。底施菜籽饼、羊粪、兔子粪等有机肥，折干重 150 千克，分二次追施有机肥 30 千克。种后保持浅水层，7 天左右自然露干一次（该期间田水高于沟水）。6 月中旬至 10 月上旬田、沟水相平，水田基本保持水层，中间适当露田。10 月中旬开始排干田水，使田土逐渐硬实，便于机械收割。

(3) 病虫防治。在水稻生长期间不喷施农药，采用绿色防控技术。在 8、9 月放养赤眼蜂，防治螟虫类虫害，每次放养 25 000 头/亩，放养要求连续 4~5 天晴天东南风，放在上风口。利用黄板防治稻虱类，7 月开始每亩插黄板 40~50 块。挂性诱剂瓶，防治螟虫类害虫，每亩挂 5、6 只。安装太阳能灭虫灯，按 1 只/10 亩标准安装灭虫灯，注意在放养赤眼蜂期间关闭灭虫灯。

执笔：海盐县农作物管理站　陈生良
开化县农作物技术推广站　汪明德

茭鳖共生高效生态种养模式

基本概况

茭田养鳖是充分利用茭白田的空余水面，使鳖茭互生互利，可使茭白增产，又能提高鳖的品质的一项生态种养技术。该技术模式在对茭田进行适当改造的基础上，根据具体季节安排，在茭白定植后适宜的时间投放幼鳖，茭鳖共生期贯穿于茭白整个生长期，单、双季茭田中均可开展。实践证明，该模式不但能增加茭农收入，又因减少了农药、化肥的用量，使土壤水体免受污染，同时提高了水肥资源的利用率，对农产品质量安全和生态环境保护具有重要的意义，现已在德清、嵊州等茭白产区扩大推广。

产量效益

茭田投入幼鳖后，茭白按常规种植时间采收，单季茭田经过9~12个月生长为均重750克/只商品鳖，双季茭田经过12~18个月生长为850克/只商品鳖。该模式中茭白产量比常规栽培减少15%~20%，但茭白品质有所提升，且增加了鳖的产量，经济效益大大提高。具体产量效益见下表。

作物	产量(千克/亩)	产值(元/亩)	净利润(元/亩)	增效(元/亩)
单季茭白	1 000	3 800	1 800	
鳖	95	15 200	8 800	
合计		19 300	10 900	6 900
双季茭白	3 500	8 600	3 800	
鳖	105	16 800	10 500	
合计		25 500	14 400	7 500

利用茭白田的空余水域，使鳖茭互生互利

茭鳖共生水域

茬口安排

茭白按照常规栽培时间定植，茭白定植后7~10天投放幼鳖，鳖根据生长情况分批捕捞上市，具体茬口安排见下表。

作物	定植和投放期	采收和捕捞期
单季茭白	4月中旬定植	10月初至10月中旬
鳖	5月初投放	12月至翌年3月
双季茭白	6月下旬定植	10月底至12月初
鳖	7月上旬投放	翌年8—12月

关键技术

一、田块选择

选择通风向阳、水源充足、水质良好、排灌方便的田块，保证田块清洁、无污染；土地要平整、耕作层深厚，尽量与水稻、莲藕等作物轮作，减少病虫危害。

二、茭田改造

由于鳖有掘穴和攀爬的特性，防逃设施是茭田养鳖的必要条件，茭田四周按养鳖要求设置防盗防逃设施，防盗网（铁丝网）高度1.8米，防逃网高度0.6米，进排水口必须用铁丝网或塑料网做护栏；田内开挖“田”字形沟，以便鳖的活动与越冬。边沟窄、中间沟宽，以10亩茭田为1个鳖塘，每塘边沟宽1.2米，深0.8米。中间沟宽3米、深0.8米。沟面积占田面积的10%。根据种养需要，应在边沟四角各筑1个用竹片和木板混合做的饲料台，田中央筑一平台，供鳖晒背用。茭白定植前用石灰粉对田块进行消毒，用量为5千克/亩。

三、茭白种植

种植前一般施腐熟有机肥1 500千克/亩（鸡粪）。如前作是水稻田，要适当增加有机肥的用量。整地完成后，灌水2~3厘米，做到田平、泥烂。选择高产、抗病虫力强、适宜在耕层深厚的水田种植的良种，单季茭可选“金茭2号”，双季茭可选“浙茭2号”等。定植密度均为750~800株/亩，行距1.2米，株距0.6米，比常规种植株数量减少1/4~1/3。

四、鳖的投放

选择生命力、抗病性强、商品性好的品种，可选择“日本鳖”，该品种具有养成阶段生长速度快，耐储运等特性。单季茭田投放幼鳖规格约350克/只，双季茭田投放幼鳖规格约250克/只，投放密度均为150只/亩。放养时最好选择连续晴好的天气，鳖苗下田前用5%的盐水浸泡消毒，若有幼鳖在运输过程中因相互有咬伤、碰撞等造成细菌感染引发皮肤溃烂的，应在抗生素溶液（如克林霉素等）中浸泡一段时间。因幼鳖在温室培育，下田后应有一个适应期，故刚投放的鳖不能马上喂食，应相隔7天左右。

五、田间管理

（1）茭白生产管理。茭白在生产过程中不施任何化肥，茭白以吸收鳖的排泄物来满足自身所需肥料。单季茭移栽后浅水勤灌促分蘖，后灌水逐渐加深，高温及孕茭期灌深水，套养田块灌水可适当加深，但任何时候灌水深度不能超过茭白眼。双季茭的秋茭在定植前放养浮萍，降低水温，定植后深水护苗，活棵后放水搁田，以后保持水层，并有干湿交替（干时水深约1厘米，此时鳖进入鳖沟），直至孕茭。孕茭至采收期保持深水层（25~30厘米）。夏茭在出苗后灌薄水，提高光照增温效果，压墩后不断水，孕茭后（4月下旬）保持水层并逐步加深到25~30厘米，保证茭白洁白和良好的商品性。茭白套养田块因鳖活动频繁，几乎没有杂草生长，在生

茭鳖共生

产过程中及时剥去黄叶、老叶、病叶，拔除雄茭、灰茭。当茭白开始孕茭后，随茭白的不断膨大伸长，分次在植株基部培土，培土高度不能超过茭白眼。

(2) 鳖日常管理。每天定时定点科学投料，饲料以螺蛳和小杂鱼为主，日投放量约占鳖重量的5%，夏季旺涨季节投食量适当增加。鳖刚投放时，在上午10时左右投放4千克小杂鱼/塘（10亩茭田），投放频率为1次/天，随着鳖的生长，投放量逐渐增至8千克/塘，投放频率为2次/天，投放时间分别为早晨5时和下午5时左右，同时7~15天投放1次螺蛳，投放量为200千克/塘。鳖进入冬眠期后，不再投放食料。水质水温对鳖的生长发育影响很大，要注意观察水质并及时换水，控制水位。调节水温不能用上块田的水灌下块田，一般情况下，15~20天进行一次水循环，特别注意的是7、8月高温时期，对茭田的水质水温要更加关注，适当增加茭田水位，一般7天左右要循环一次，并且要放养浮萍降温。坚持每天巡田，加强守卫，检查防逃网是否有漏洞、水质是否正常等，如遇暴雨季节，及时疏通排水口，日常注意防止蛇、鼠、虫、鸟等的危害。

六、茭白采收

单季茭白：8月底梳理茭白黄叶，10初茭白采收，10月中旬采收结束。茭白采收时间短而集中，同时用工量也减少。双季茭白：10月中旬梳理茭白黄叶，10月底秋茭开始采收，12月初采收结束，采收时间较长。茭白采收完毕后，在清理茭墩时，应让鳖进入鳖沟，此后放水，鳖进入茭田继续放养。

七、鳖捕捞

单季茭田在12月至翌年3月分批捕捞上市，平均重量为750克/只左右；双季茭田于翌年8—12月分批捕捞上市，平均重量为850克/只左右。

八、病虫防治

茭鳖共生模式中鳖的活动不仅能增加土壤的通透性，其粪便又能作为优质的有机肥，增加了茭白植株本身的抗性，还能控制茭白田中福寿螺的为害，同时株行距较宽，很大程度上减少了病害的发生。对于发生较多的二化螟、长绿飞虱等虫害，建议安装光气一体化飞虫诱捕机，能有效将田间虫量控制在化学防治范围以内，基本不用杀虫剂专门防治。在田道边种植芝麻、向日葵、香根草、大豆等蜜源植物，改善天敌生存环境，也会减少虫害。由于田间种植密度稀，茭白锈病、胡麻叶斑病、纹枯病等病害发生很轻，一般不用防治。若局部有病害发生，应对症选择高效、低毒、低残留，对水产养殖没有影响的农药，施药后及时换注新水。严禁在中午高温时施药，切记禁用扑虱灵、吡虫啉、菊酯类、有机磷类等农药。茭田养鳖，鳖生长环境得到改善，活动范围广，一般不会发病，不用对鳖特别用药。

执笔：德清县农业技术推广中心　杨凤丽

莲藕与甲鱼（泥鳅、黑鱼）共生模式

基本概况

藕田套养鱼类，一方面提高了单位水资源、土地资源的利用率和产出率；另一方面在水产养殖和水生蔬菜种植间营造了一种互利互惠的关系，有利于环境保护和农业效益的双提高，是一项经济效益、社会效益和生态效益兼顾的农作新模式。藕田泥土肥沃、微生物丰富，可为鱼儿提供丰富的饵料，甲鱼、黑鱼、泥鳅等以藕田里的地蛆及其他害虫为食，大大减少了地蛆对莲藕的为害，减少了农药使用，提升了莲藕品质。目前全省应用面积已经达到10 000余亩，实现农业增效、农民增收、农村增美。

产量效益

一、莲藕套养甲鱼模式

亩产商品莲藕1 750千克，甲鱼150千克，产值25 700元。每亩成本15 400元，主要包括莲藕种苗、甲鱼种苗、田租金、肥料、饲料、用工及农田改造等。去除成本可获净利10 300元左右。

二、莲藕套养泥鳅模式

亩产商品莲藕1 750千克，泥鳅350千克，产值11 950元。每亩成本5 750元，主要包括莲藕种苗、泥鳅种苗、田租金、肥料、饲料、用工及农田改造等。去除成木可获净利6 200元左右。

三、莲藕套养黑鱼模式

亩产商品莲藕1 750千克，黑鱼200千克，产值10 200元。每亩成本4 400元，主要包括莲藕种苗、黑鱼种苗、田租金、肥料、饲料、用工及农田改造等。去除成本可获净利5 800元左右。

作物		产量(千克/亩)	产值(元/亩)	净利润(元/亩)
莲藕套养泥鳅模式	莲藕	1 750	6 700	3 500
	甲鱼	150	19 000	6 800
	合计		25 700	10 300
莲藕套养黑鱼模式	莲藕	1 750	6 700	3 500
	泥鳅	350	5 250	2 700
	合计		11 950	6 200
	莲藕	1 750	6 700	3 500
	黑鱼	200	3 500	2 300
	合计		10 200	5 800

莲藕与甲鱼共生

茬口安排

莲藕于3月下旬至4月上旬移栽，9月初至翌年4月采收。甲鱼一般在6月中下旬放养，此时莲藕苗已长高，甲鱼的活动不会伤及莲藕芽尖。泥鳅于5月下旬至7月上旬可随时放养，一般于11月上中旬前放网捕捉，捕大留小。黑鱼于4月下旬至6月下旬放养，于11月上中旬至12月下旬捕捉上市，及时销售。

作物	移栽(放养)期	采收期
莲藕	3月下旬4月上旬	9月初至翌年4月
甲鱼	6月中下旬	11月中旬至翌年3月
泥鳅	5月下旬至7月上旬	11月上中旬
黑鱼	4月下旬至6月下旬	11月上中旬至12月下旬

关键技术

一、田块选择

选择土层较深，土壤肥沃的田块，大小以15~25亩为佳。

二、藕田改造

（1）*套养甲鱼的藕田改造*。田块外围有圩堤，四周设置防盗网和50厘米高的防逃彩钢板，进排水口做好防逃设施；田块四周开宽150厘米、深80厘米的围沟，在边沟一角筑一个饲料台，中央筑一晒背平台。

（2）*套养泥鳅与黑鱼的藕田改造*。田块外围有圩堤，四周设置防盗网，田块四周开宽100厘米、深80厘米的围沟，并在整个田块拉2米高的尼龙网用于防鸟，进排水

本页图：莲藕与甲鱼（泥鳅、黑鱼）共生

口做好防逃设施。

三、莲藕移栽期及水产品的投放

选择优质高产抗病品种“鄂莲6号”，定植密度为每亩400千克。甲鱼品种选用“中华鳖”，规格为250克/只，亩放甲鱼300只；泥鳅选择“青鳅”，规格为200尾/千克，亩放泥鳅200千克；黑鱼选择嘉兴本地种，规格为10尾/千克，亩放黑鱼苗35千克。

四、田间管理

藕田在移栽前亩施1 000千克腐熟有机肥作底肥，6月中旬亩追施尿素15千克，7月中旬亩追施20千克复合肥，放养水产品之前做好莲藕田的蚜虫防治工作，放养水产品后基本不施追肥不喷农药。甲鱼、黑鱼、泥鳅等水产品每天定时定点投放饲料，如用冰鲜鱼作饲料的每天饲喂1次，投喂量以每次2~3小时吃完为宜，如用膨化饲料的必须每天喂2次，投喂量每次在0.5~1小时内吃完饲料为宜。

执笔：秀洲区经作站　倪龙凤

桃园套养甲鱼模式

基本概况

桃树栽培历史悠久，产业优势突出。但种植模式单一，经济效益不高。在规模化成片种植时，长势过旺的桃园易产生通风透光性差，病虫害多发等不利影响，为此，嘉兴南湖等地在实践中不断探索，示范推广了桃园套养甲鱼模式。实践证明，这一新型农作模式，桃树长势好，病害轻，桃果品质好，优质果率提高；甲鱼在优良生态环境中养殖，发病率低，生长良好，肉质优，深受消费者喜爱。该模式不仅适合桃园套养，也适合梨、李等其他经济林套养，从而拓展了农业发展空间，抗自然风险和市场风险能力增强，生态效益、社会效益和经济效益显著。

产量效益

桃树属多年生经济林，小苗种植，要经 3 年的科学培育才有少量挂果，第 5 年才进入盛产期，投入产出期较长，盛产期每亩产量在 1 500 千克，产值在 1.2 万元，效益在 0.85 万元左右。甲鱼苗投放 3 年后才能捕捞上市，也即生态养殖 3~5 年才能收获一次，此模式选择 3 年收获 1 次，每亩产量在 750 千克，上市率在 80%左右，产值在 8.4 万元，效益 4.5 万元左右，平均年效益 1.5 万元左右。

作物	产量(千克/亩)	产值(元/亩)	净利润(元/亩)
桃树	1 500	12 000	8 500
甲鱼	250	28 000	15 000
合计		40 000	23 500

注：桃园按正常投产计，甲鱼已折算成每亩年产量和效益。

茬口安排

桃树在 12 月底至翌年 2 月底前种植，加强日常管理，到第 5 年进入盛果期。甲鱼在 7—8 月放苗，第三年 12 月至第 4 年 5 月捕捞上市。

作物	播植期	采收期
桃树	12 月至翌年 2 月底前种植	第 3 年有少量挂果,第 5 年进入盛果期
甲鱼	7—8 月放苗	第 3 年 12 月至第 4 年 5 月捕捞出售

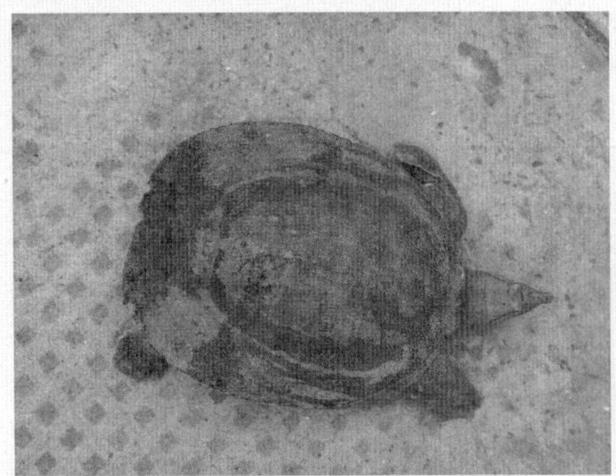

本页图：桃园套养甲鱼

关键技术

一、桃园布局

桃树套养甲鱼，按一行种植畦，一条养殖沟间隔排列。首先做好土地整理，采用旋耕机平整土地，再用挖泥机开沟，达到地面平整，沟渠结实，种植畦宽6米，养殖沟面宽4米、深1.2米。沟开好后四周夯实，用水泥板围好，水泥板埋入土深0.5米，上面再覆盖石棉瓦，以防甲鱼逃跑。挖出的土放在6米宽的畦上，畦面高出养殖沟底1.5米，经土壤改良后种桃树，每畦种一行，株距4.5~5米。

二、甲鱼养殖

（1）甲鱼种投放。在苗种投放前10~15天，亩用生石灰150千克进行甲鱼沟消毒。7、8月放养幼甲鱼。放养的幼甲鱼以自繁自育的中华甲鱼为佳，选无伤无病，体质健壮，且大小基本一致的苗甲鱼，每亩宜放养只重0.2~0.4千克的幼甲鱼600只左右，放养前用食盐水或碘富20毫克/千克浸泡3~5分钟消毒。

(2) 饲料投喂。投喂的饲料，主要是新鲜的小杂鱼、螺蛳等动物性饲料。坚持“四定”投喂原则：定时、定位、定质、定量。投喂时间一般为每天上午 8 时和下午 4 时各投一次，日投喂量为甲鱼重的 2.5%，一般以 1.5 小时内吃完为宜，具体还要根据天气、水温、活动情况适当增减。

(3) 调水质。甲鱼放入之后，甲鱼池间隔 10~15 天用生石灰对水泼洒消毒一次。

(4) 清野除害。坚持每天巡池，仔细检查畦埂有否漏洞，有否堵塞、松动，发现问题及时处理。发现蛙卵、水蜈蚣、水蛇等应及时清除。

(5) 慎用农药。防治桃病虫害时应尽量采用高效低毒农药，并严格控制安全用量。施药前沟内水位要加高 10 厘米，施药时喷雾器的喷嘴应横向朝上，尽量把药剂喷在桃上，防止洒向甲鱼塘。

三、桃树栽培技术

(1) 品种选择。选用优质抗病、适宜当地土壤、高产且市场适销的水蜜桃品种，以中熟品种“湖景蜜露”“朝晖”等为好。

(2) 建园定植。从秋冬 12 月落叶后至次年 2 月发芽前均可种植，选用生长良好的壮苗，定植株行距 6 米×4.5 米，每亩种 25 株。开穴种植，每亩施有机肥 1 750 千克，磷肥 35 千克。

(3) 土肥水管理

① 土：建园时进行全园深翻，以改良土壤。及时进行中耕，疏松土壤除去杂草。增施有机肥料，合理种植绿肥或矮杆作物，秸杆还地，增加土壤养分含量，促进根系发育，促进地上部分生长。

② 肥：基肥是一年中最主要的一次肥料，占全年施肥量 70%~80%，以 10 月秋季施肥为宜。基肥以有机肥为主，并须加适量速效氮肥及磷肥，每亩施腐熟厩肥 1 500 千克或菜饼 150 千克，过磷酸钙 50 千克，尿素 10 千克。催芽肥在 2 月下旬至 3 月上旬施入，施肥量因树势强弱和基肥用量不同而定，若基肥已施足，树势又偏旺的可少施或不施；反之宜多施，亩施尿素 10 千克。壮果肥以钾为主，一般在 5 月下旬亩施硫酸钾 30 千克，三元复合肥 30 千克。对树势弱、结果多的桃树还必须在采前 20 天左右增施采果肥，以复合肥为主。采后肥以氮肥为主，对养分消耗多的弱树，亩施尿素 10 千克。

③ 水：桃园积水时，应及时开沟排水。果实膨大期若遇干旱，应及时进行灌溉。

(4) 整形修剪

① 树形与树体结构：树形以三主枝自然开心形或两主枝自然开心形为好。全树高度 2.5 米左右，干高 45~55 厘米，有 2~3 个主枝，各占一定方位。主枝的开张角度 50° 左右，1~3 级主枝的延长枝长度一般为 50~60 厘米，在距主干 50~60 厘米处，选留副主枝，每一主枝配 1~2 个副主枝，第二副主枝在第一副主枝相对的侧面，二枝之间距

离在 50 厘米以上，开张角度 60°~75°，角度不能太大，不能遮挡甲鱼养殖沟，保证沟面有充足的光照，满足甲鱼晒背需要。

② 树形培养：定植当年于 45~50 厘米定干，剪口下 20 厘米左右整形带应有 5~6 个健壮芽。4—5 月选留长势较强、方位角较好的新梢逐步培养三大主枝，其余新梢在当时或冬剪时疏除，冬季修剪时主枝延长枝的剪留长度一般为 50~60 厘米，生长势强，可留长 100 厘米左右。在定植后的第二年，一般在距主干 50~60 厘米处选侧生强枝，进行拉枝开张角度，培养成副主枝，冬季修剪时轻剪长放，并及时回缩生长势较弱的副主枝，注意副主枝的高度应低于主枝，保持从属关系。

③ 修剪：冬季修剪在落叶后至萌芽前均可进行，采用短截、疏删长放、回缩和拉枝相结合。结果枝选留生长充实中庸的长果枝，约剪去其枝长的三分之一；中果枝除疏剪密生枝外，一般不短截；短果枝不行短截，一般每隔 10 厘米左右保留 1 枝为宜。生长期修剪在谢花后（4 月上旬）要立即疏去无叶果枝、回缩细弱枝、空档枝以及冬季漏剪枝，以减少营养消耗。

除萌抹芽：在 4 月上旬及时抹去剪口下的竞争芽和树冠内膛的徒长芽，可减少无用的新梢，改善光照，节省养分。

疏枝：在 5 月上中旬疏去过密小枝，使留下的枝生长健壮，分布均匀。6 月中下旬将树冠上方和外围过多强枝和直立枝疏去，改善光照，防止内膛枝条枯死。

扭枝：在 5 月上中旬至 6 月上旬，新梢尚未木质化时，将直立徒长性结果枝和部位高、长势旺的长果枝于枝条基部 3~5 芽处，朝空隙方向扭转 90°，使其改造为良好的结果枝。

摘心：在 5 月上中旬将长势旺、周围又较空的徒长枝留 6~8 芽摘心，使之抽发二次枝，培养成结果枝组。

拉枝：第一次在 5—6 月，将开张主枝或副主枝的基角和腰角进行拉枝；第二次在 9—10 月对当年抽生的徒长枝或徒长性结果枝进行拉枝，使其培养成副主枝、大侧枝和结果枝组。

剪梢：第一次在 5 月中下旬至 6 月上旬对有一定空间的徒长枝进行重短截，使抽发的二次枝形成结果枝；第二次在 8—9 月对徒长枝剪梢，削弱其生长势和生长量，改善中下部的光照，防止内膛枝条枯死，促使结果枝花芽饱满。

挪枝：在 8 月下旬至 9 月上旬将树冠外围的徒长枝或徒长性结果枝挪伤，以伤其筋骨而不断为度，开张外侧枝的角度，缓和生长势，改善光照，经过挪枝处理的枝条，冬季修剪采取长放或圈枝，进而培养成结果枝组，扩大结果部位。

（5）果实管理

① 适时疏果：第一次在花后 25~30 天（4 月底至 5 月初），大小果能分别时，疏去僵果、小果、畸形果、并生果及病虫果，长、中、短果枝留果量分别为 6~10 只、4~5

只、2~3 只，第二次也称定果，在套袋前（5 月中旬至 6 月上旬）长果枝和徒长性结果枝留果量 3~5 只（或每间隔 15 厘米左右留一只果），中果枝 2 只，短果枝 1 只或不留，每株留果量根据早、中、晚品种不同、栽培密度、果形、树势、肥水条件以及气候等因素确定，一般每株树留果 160~300 只。

② 适时套袋：在生理落果基本结束时（5 月中旬 6 月上旬）进行，用专用果袋套袋，红晕多的品种套黄色袋，红晕少的品种套白色袋，早熟种可以不套袋，中、晚熟品种必须套袋。套袋前须进行一次病虫害防治，主要针对褐腐病、炭疽病、桃蛀螟及蚜虫。可用世高 10%水分散剂 2 000 倍和锐劲特 50 克/升悬浮剂 2 000 倍液喷防，用药后当天太阳落山前套袋完成，以提高防病质量。

（6）病虫害防治。冬季清除果园病枝、病叶、枯枝等，立冬前后主干刷白，冬季和萌芽前各喷石硫合剂 500 倍液一次，铲除越冬病害。根据主要病害发生规律进行防治，每种农药一年只能使用一次，使用时要考虑甲鱼的习性，选用高效、低毒、低残留新农药，禁止使用甲胺磷，氧化乐果等高毒高残留农药，确保甲鱼的安全生长及桃果食用安全。

执笔：嘉兴市南湖区林业与蚕桑站 熊彩珍
嘉兴市南湖区水产站 姚 军 淡灵珍

茶园养鸡节本增效模式

基本概况

茶产业是浙江的十大主导产业之一，全省茶园面积290万亩，有一半左右的茶园只生产春茶，茶园休闲时间较长，时空利用率较低，为充分利用茶园有效空间，提高单位面积效益，同时提高种养结合形成有效循环，安吉等地示范推广了茶园养鸡节本增效模式。利用茶园生态养鸡，鸡在茶园捕虫食草，树荫为鸡避雨、挡风、遮日，可生产优质无公害草鸡；同时鸡粪作为茶园肥料，既能保持茶园良好的生态环境，起到减肥减药，又确保了茶叶的品质安全。目前该模式已在全省各茶区扩大推广。

产量效益

正常投产的安吉白茶园一般亩产名优茶鲜叶60千克，产值12 000元，净利润7 100元；每亩茶园放养蛋鸡30羽，可出售成年鸡45千克，产蛋4.5千克，产值4 035元，净利2 335元。两项合计亩产值达16 035元，净利9 435元。

类别	产量(千克/亩)	产值(元/亩)	净利润(元/亩)
安吉白茶鲜叶(名优茶)	60	12 000	7 100
鸡	45	3 900	2 200
鸡蛋	4.5	135	135
合计		16 035	9 435

茶园养鸡

茬口安排

茶叶平时主要是做好日常管理，3 月中旬到 4 月中旬采摘名优茶。鸡在 4 月下旬开始放养，9 月后开始产蛋。

类别	生产时间	收获时间
茶叶	4 月下旬至翌年 2 月	3 月中旬至 4 月中旬
鸡	4 月下旬至 12 月	9 月下旬至翌年 1 月

关键技术

一、茶园管理

(1) 管肥。茶园每年施肥 2 次，分别在春茶结束后和入冬前。

第一次施肥：在春茶结束后的 4 月下旬至 5 月初，每亩开沟施有机肥 100~150 千克+复合肥 20 千克。

第二次施肥：在初秋即 9 月下旬至 10 月中旬施越冬肥，每亩施饼肥（150~200 千克）+（复合肥 20~30 千克）或有机质含量 45%以上的商品有机肥（100~150 千克）+（复合肥 20~30 千克）。开沟深度 20~30 厘米，施肥后覆土。

(2) 管土。茶园每年结合除草进行浅耕、中耕各一次，浅耕时间为 5—6 月，中耕为 8—9 月。

(3) 管水。茶树生长需水又怕涝，幼龄期对水的要求比较敏感，成龄茶园抗旱能力相对较强，主要做好茶园排灌系统，做到小雨不出园，大雨能排水。条件好的可以安装喷灌设施，旱可灌溉，早春可以减少晚霜冻害。

(4) 管树。种养结合的茶园每年春茶后 4 月下旬修剪，修剪高度 35~45 厘米。时间宜早不宜迟，最晚不能超过 5 月 10 日。对种植相对较密，且茶园已封行的，须定期对茶树进行修边处理。

(5) 管病虫害。茶园主要害虫有假眼小绿叶蝉、黑刺粉虱、茶尺蠖、茶叶螨类；主要病害有茶炭疽病、茶赤叶斑病、茶褐色叶斑病等。病虫害防治以农业、物理、生物防治为主，化学防治为辅。

① 常见虫害防治方法

茶尺蠖。一般一年发生 5~6 代。幼虫高发期在 4 月上中旬至 9 月上旬。防治方法：1）冬季结合深耕，将越冬虫蛹深埋入土内，矿物油或石硫合剂封园；2）灯光诱杀成虫； 3）放鸡捕食幼虫；4）药剂防治：苦参碱、藜芦碱、鱼藤酮等植物源和矿物源药剂喷施；或用 50%辛硫磷、联苯甲维盐、5%除虫脲喷施。

茶小绿叶蝉。一年两个高峰期，5 月上中旬和 8 月中下旬。防治方法：1）清除茶园杂草，及时分批采摘鲜叶；2）色板诱捕：在春茶结束后、8 月上中旬可选用黄板诱捕，每亩插黄板 10~15 块；3）药剂防治：苦参碱或 50%辛硫磷 1 000 倍液、或用 15%茚虫威（凯恩）2 500 倍液、或用 24%虫螨腈（帕力特）1 500 倍液喷施。

黑刺粉虱。以幼虫于叶背吸取茶树汁液，并排泄蜜露，诱发煤污病。防治方法：4 月下旬和 8 月中旬选用黄板诱捕成虫，每亩插黄板 10~15 块。

茶叶螨类。主要有茶橙瘿螨、茶叶瘿螨和茶短须螨。主要为害成叶叶背形成锈斑，嫩芽叶萎缩，严重时大量落叶。2 个高峰期分别在梅雨季节和秋雨季节，高温干旱虫口自然消长。防治方法：1）茶园通风透光，排水良好；2）药剂防治：99%矿物油 150~225 倍液、73%克螨特乳油 1 500 倍液喷施。

② 常见病害防治方法

茶炭疽病。先从叶缘或叶尖产生水浸状暗绿色病斑，病斑与健壮部位分界明显，以梅雨期和秋雨期发生最重。一般偏施氮肥或缺少钾肥的茶园、幼龄茶园及台刈茶园发生较多。防治方法：1）做好积水茶园的开沟排水，清除落叶，增施磷钾肥；2）药剂防治：70%甲基托布津 1 000~1 500 倍液或 50%多菌灵 800 倍液喷雾。停采茶园可喷洒 0.6%~0.7%石灰半量式波尔多液进行保护。

茶褐色叶斑病。多从叶缘处开始现褐色小点，后扩展成圆形或半圆形至不规则形紫褐色至暗褐色病斑，病健部分界不大明显。3—5 月和 9—11 月发生居多，属低温高湿型病害。防治方法：1）增施有机肥，雨后及时排水；2）药剂防治同茶炭疽病。

茶赤叶斑病。多从叶尖或叶缘处开始产生浅褐色病斑，该病属高温干旱型病害。防治方法：1）增施有机肥，改良土壤理化性状和保水保肥；2）夏季干旱要及时灌溉，合理种植遮阴树，减少阳光直射，防止日灼；3）干旱到来之前喷洒 50%苯菌灵可湿性粉剂 1 500 倍液或 70%多菌灵可湿性粉剂 900 倍液、36%甲基硫菌灵悬浮剂 600 倍液。

二、茶园鸡饲养

(1) 鸡舍建造

① 要求地势干燥、坐北朝南、背风向阳、水电通畅、喂料管理方便。鸡舍面积每平方米可容纳 10 只鸡左右，并配备鸡自动饮水装置，鸡舍的建立位置应充分考虑鸡在茶园的活动以及鸡蛋捡拾的方便。

② 育雏舍与避雨棚设置可根据饲养量确定，育雏舍以 30 羽/平方米计算，在茶园内适当搭建草棚或油毡棚，防止鸡群雨淋、日晒。

③ 鸡舍结构可就地打土墙、盖草房，室内墙壁刷白，做到冬暖夏凉。室内地面铺垫锯末、杂草、谷壳等 5 厘米左右厚，并设置栖架，用 8 厘米直径圆木搭成阶梯式。鸡舍内按每 10 平方米安装 1 盏 40 瓦白炽灯泡，距地面 1.5 米为宜。配套在鸡舍周边修建垫料堆置发酵池 1 个。

(2) 鸡品种选择

茶园放养的鸡种，应选择适应性、抗病力、觅食能力强的本地鸡种。

选择适应性、抗病力、觅食能力强的本地鸡种

(3) 饲养管理要点

① 雏鸡管理：雏鸡出壳后第 1 周的鸡舍温度控制在 33~35℃，以后每周降低 2~3℃；产蛋鸡最适宜温度在 8~22℃。雏鸡进舍后让其休息 0.5~1 小时，待其活动正常时先饮温糖盐水，饮水后 0.5~1 小时喂料。雏鸡饲料要做到少喂勤投。育雏阶段应饲喂正规厂家的雏鸡颗粒料，45 日龄后逐步过渡到自配饲料。从 4 周龄后按大小、强弱、公母逐步分群饲养，个别残雏、弱雏及早淘汰。

② 放养密度与管理：在鸡 45 日龄时，选择适宜温度的晴天中午慢慢开始向室外放牧，可采取意向性喂食方法，将鸡引导至指定的茶园地块任其自由活动觅食。夜晚熄灯前要注意检查鸡舍，避免鸡在室外过夜，并关好门窗以防止野兽侵害。鸡放养密度以每亩茶园 30 羽左右为宜。放养的适宜季节为春夏秋季。放养时实行轮牧，以防止破坏自然植被。

③营养：放养时应适当补饲精料，以玉米、豆粕、麸皮和青糠为主。建议配方为：开产前豆粕 18%、玉米 62.5%、磷酸氢钙（骨粉）1.2%、石粉 1%、麸皮 17%、盐 0.3%以及适量的多维及微量元素添加剂；开产后豆粕 25%、玉米 65%、磷酸氢钙（骨粉）1.8%、石粉 3%、麸皮 5%、盐 0.2%及适量的多维及微量元素添加剂。

④ 防疫措施：应按照免疫程序，逐羽免疫注射，主要做好马立克、新城疫、法氏囊、禽流感、鸡痘等主要传染病的免疫。做好定期消毒，发现病鸡隔离饲养。

⑤ 其他措施：要防止老鹰、黄鼠狼等天敌和兽害。

执笔：安吉县农业局 赖建红
浙江省农业技术推广中心 金 晶

桑园养鸡增效模式

基本概况

桐乡是浙江省主要蚕区，常年桑园面积12万亩，饲养蚕种22万张，蚕茧产量1万余吨，产值4.2亿元。桑园养鸡是近年来为促进农业循环经济发展，提高桑园经济效益，增加蚕农收入而探索的一种桑园套养模式。开展桑园养鸡能有效利用桑园的剩余空间，实现"以叶养蚕、以园养鸡、以鸡肥桑"的桑园循环综合利用目标，成为提高产业效益和蚕农收入的一个新途径。

产量效益

一、经济效益

一般每亩桑园每年可养蚕产茧145千克，产值5 500元，净利润3 800元；可放养两批鸡，产量360千克，产值13 000元，净利3 500元，两项合计亩均桑园年净利润达7 300元，比原来养蚕增收92%。

类别	产量(千克/亩)	产值(元/亩)	净利润(元/亩)
栽桑养蚕	145	5 500	3 800
桑园养鸡	360	13 000	3 500
合计		18 500	7 300

二、生态效益

桑园养鸡可减少化肥和农药的使用量,减轻环境污染,改良土质,生态效益显著。每羽桑园鸡每天产生约0.12千克鸡粪,按照100羽/亩的放养密度计算,可获得优质鸡粪约12千克，约占桑园年施肥总量的40%。桑园养鸡还可改良土壤结构，增加土壤的通透性、保湿性、保肥性,使桑园增产15%~20%。另外,鸡还可捕食桑园内的害虫和杂草,减少农药的施用量,特别是可以减少除草剂的用量。

桑园养鸡

左上图：大棚鸡舍内部
右上图：必要的围网
下图：桑园

茬口安排

种桑养蚕与常规相同，一般养春蚕和中秋蚕各一批，时间分别为4月底到6月初，9月初到10月初；鸡每年放养两批，第一批在3月开育，8月上市，第二批在8月开育，翌年1月上市。

类别	生产期	收获期
蚕茧	春蚕4月底，中秋蚕9月底	春蚕5月6月初，中秋蚕10月初
鸡	3月、8月	8月、翌年1月

关键技术

一、桑园管理技术

（1）树型养成。园内桑树都采用中干养成，行株距为（150~180）厘米×50厘米，桑园底部预留较大空间，适合鸡在桑园内活动和觅食。

（2）围栏要求。桑园四周用围栏围住，围栏孔应小于 3 厘米×3 厘米，以防鸡逃散。

（3）肥培管理。在参照普通桑园肥培管理模式上，可减少约 40%的施肥量。

（4）病虫草害防治。根据桑园病虫害实际发生情况进行防治，放养密度达到 100 羽/亩，可以不使用除草剂。

二、桑蚕饲养技术

按照桑蚕全龄一日两回育技术标准饲养。

三、桑园鸡饲养技术

（1）品种选择。选择“仙居鸡”或“光大鸡”作为主养品种。

（2）套养密度。每 10 亩桑园建 200 平方米鸡舍，每亩放养桑园鸡 100~150 羽，全年可放养 2 批，每亩桑园年产鸡 240 羽左右。

（3）育雏管理。在育雏前将鸡舍、用具等用福尔马林进行熏蒸消毒，育雏温度 35℃，相对湿度 70%。雏鸡入舍 2 小时后供水，水温 18~20℃，并加入 0.5%葡萄糖或白糖，0.1%的维生素 C。雏鸡出壳 12~24 小时开食，选用熟玉米或小米，每昼夜喂食 6~8 次，4 日龄后改喂 5 次，并逐步添加 10%~30%的青饲料。育雏温度 1 周龄 30~32℃，2 周龄 28~30℃，3 周龄 25~28℃，4 周龄 22~25℃，以后每周龄降低 1.5℃直至与室温相同。雏鸡生长快，应及时调整饲养密度，从 1 日龄的 45~55 只/平方米开始，逐步降到放养前的 20 只/平方米。另在雏鸡阶段还应保证通风、光照，并制定科学的免疫程序，做好接种防疫工作。

（4）散养管理。雏鸡 30 日龄可放养到桑园中，根据桑园杂草生长情况调整放养密度，最多不宜超过 150 羽/亩。放养前桑园鸡采用配合饲料喂养，放养后逐步改为以捕食杂草和害虫为主，并早晚各补饲一次玉米、米糠或麸皮。定期做好疫苗接种和鸡舍消毒工作，每 10 天对鸡舍内外进行一次全面消毒。另外，桑园鸡因散放饲养，易感染寄生虫，应加强对寄生虫病的控制和预防。

执笔：桐乡市农业经济局　杨海青

浙江省农业技术推广中心　谷利群

桑畜禽复合种养模式

基本概况

桑畜禽复合种养模式是指利用一定规模的果桑园开展养蚕、养鸡、养羊，实现资源循环利用、提高桑园产出效益的一种农作模式。该模式已在湖州、嘉兴等蚕区推广应用。通过桑叶养蚕喂羊、畜粪肥桑、鸡舍蚕房套用，形成一条生物链，实现桑园资源生态循环零排放。具体见如下循环模式图。

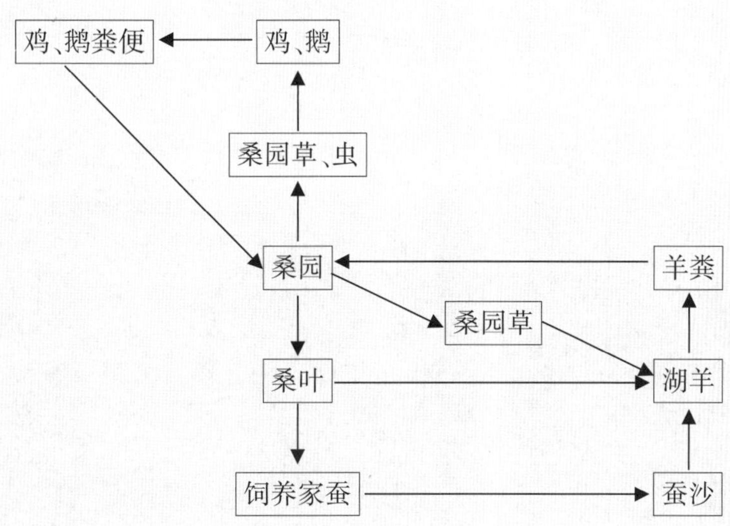

产量效益

果桑种植第二年即可投产，第三年桑叶和桑果就进入盛产期，全年饲养春蚕和秋蚕两期，养鸡两批，羊循环养殖，春期桑果一期，按照正常年份每亩产值可达到 9 080 元，净利润 4 640 元。

类别	产量(千克/亩)	产值(元/亩)	净利润(元/亩)
蚕茧	80	2 880	1 440
桑果	1 000	4 000	2 000
羊	80(2 只)	1 200	600
鸡	40(20 只)	1 000	600
合计		9 080	4 640

茬口安排

春蚕4龄大蚕进棚到6月初采茧，然后进行蚕沙清理、消毒，第一批鸡进场；秋蚕4龄进棚到10月中下旬采茧，再进行清理、消毒，第二批鸡进场。根据以上时间要求，需要准确计算春蚕和晚秋蚕的发种时间。

品种	养殖期	采收期
蚕茧	春蚕(5月初至5月底,4龄大蚕5月15日左右进棚饲养) 秋蚕(9中下旬至10月中下旬,4龄大蚕10月10日左右进棚饲养)	6月初、10月中下旬
桑果	全年	5月初至5月下旬
羊	全年	10月至第二年3月
鸡	第一批：6月初至9月底 第二批：10月中下旬至第二年4月底	9月底、第二年4月底

左上图:桑园养鸡
左下图:采摘桑果
右上图:秋蚕4龄进棚
右下图:练市桑叶养羊

关键技术

一、养蚕技术要点

小蚕采用一日两回育技术（具体技术略），大蚕采用省力化养蚕即一日3回育，主要做到稀放饱食、开窗通风；每天进行1次大蚕防病1号或农家得宝与新鲜石灰粉交替使用；秋蚕期如遇高温天需做好蚕室的降温措施。

二、桑园鸡饲养技术要点

根据各地实际选择品种，如“仙居鸡”等，每亩桑园饲养20~30只鸡，配养5%左右的雄鸡。苗鸡饲养到单只重0.25~0.5千克时，打好疫苗后再进棚饲养，根据鸡在桑园的觅食情况每天傍晚喂一定量的稻谷或玉米等，一般放养5个月即可出售。

三、湖羊饲养技术要点

建好羊舍，一般0.6~0.8平方米养1只商品羊，母种羊2~2.5平方米/只。以桑叶、桑枝、蚕沙、桑园草、玉米秆等作为饲料。采取自繁，4—5月交配，5个月产子。根据当地要求进行防疫。每年的12月到春节前，体重40到50千克的公羊即可出售。

四、果桑栽培技术

品种选择“果桑大10”，株行距1米×2米。剪枝伐条、施肥等管理与一般桑树相同。主要做好桑菌核病的防治工作，根据果桑发芽开花情况，一般第一次防治时间在3月上中旬，采取每间隔5天用50%多菌灵可湿性粉剂800倍与70%托布津粉剂1 000倍液交替喷花，连续喷4次，开采前20天结束。

执笔：湖州市农业局经作站 钱文春
浙江省农业技术推广中心 潘美良

设施茭白与丝瓜立体套种模式

基本概况

设施茭白—丝瓜立体套种模式是在大棚茭白种植模式基础上加以创新形成的新的立体种植模式，该模式于5月下旬大棚茭白（夏茭）采收后，大棚边套种丝瓜，引蔓上棚，无需另外搭架；7月下旬利用瓜蔓遮阴提高秋季茭的移栽成活率。此模式增加了丝瓜的收入，节省了搭架成本，提高土地利用率和产出率，自2014年开始在缙云等地应用成功后，在全省逐步推广。

产量效益

夏茭亩产2 200千克，秋茭1 500千克，亩产值约11 500元，纯收入5 800元。其中生产成本主要为物化成本（茭白苗、化肥、农药、农膜等）和人工成本，每亩物化成本约3 700元，人工成本约2 000元，合计5 700元。丝瓜亩产量约1 500千克，产值3 300元，纯收入1 600元，其中成本主要为物化成（瓜苗、化肥、土墩容器）本和人工成本，共计约1 700元。

作物	产量(千克/亩)	产值(元/亩)	净利润(元/亩)
大棚茭白	1 500+2 200	11 500	5 800
丝瓜	1 500	3 300	1 600
合计	5 200	14 800	7 400

设施茭白与丝瓜套种

茬口安排

7月中、下旬双季茭定植，10—12月收获秋茭。12月大棚茭白覆膜，翌年4月至5月收获夏茭。4月在棚间培制土墩套种丝瓜，5月引蔓上架，6—8月收获丝瓜。

作物	播植（移栽）期	采收期
大棚茭白	7月中下旬茭白定植	10至12月收获秋茭；翌年4—5月采收夏茭
丝瓜	4月下旬定植	6—8月

关键技术

一、秋茭栽培

（1）品种选择。选“浙茭3号”“浙茭911”“龙茭2号”“浙茭6号”等双季茭品种。

（2）育苗移栽。选择株形整齐，结茭部位低，孕茭率高，茭肉肥大，无雄、灰茭，并且成熟一致的茭墩作为种墩，在3月底前进行分苗寄植，将挖取的茭白单株一苗一穴，分苗假植在育苗田中，株行距50厘米×25厘米，每亩大田约60平方米苗床。待大田夏茭采收完毕后，进行翻耕、平整。至7月中旬，育苗田中的茭白种苗一般都已发生3~5个分株，用刀劈开则成3~5株定植苗。定植时将定植苗剪去上部叶片，保留叶鞘长30厘米，减少蒸发，提高分株定植成活率。秋茭栽植株距60厘米，行距100~120厘米，每亩栽1 100~1 300株。

（3）施基肥。定植前两周施用基肥，每亩施腐熟栏肥或人粪尿1 500~2 000千克、碳胺40千克、过磷酸钙40千克，或用三元复合肥30千克。

（4）追肥。第一次追肥在定植后10~15天，每亩施尿素5千克、复合肥5千克；视长势隔10~15天再施1~2次，每亩施尿素5千克、复合肥10千克；孕茭前半个月左右停施。待50%左右植株开始孕茭后施孕茭肥，每亩施复合肥20千克，促茭白粗壮，提高产量。

（5）田水管理。茭田施基肥后即行灌水，除孕茭期水位稍高外，其他时期保持水位3~5厘米即可。

（6）病虫害防治。茭白病虫害发生较重的主要有锈病、胡麻叶斑病、纹枯病、二化螟、长绿飞虱，需进行综合防治。大田翻耕、平整时，每亩撒施石灰50~100千克，既可杀除土壤中的病菌，又可调整土壤pH值。及时去除茭株基部老、黄、病叶及无效分蘖，改善株间透光条件，抑制病害发生。每50亩安装一盏诱虫灯，控制二化螟和长绿飞虱为害。此外还应根据病虫发生实际及时做好药剂防治。

锈病发生初期用12.5%烯唑醇3 000倍液或20%腈菌唑2 000倍液或20%粉锈宁

1 000 倍液或 10%苯醚甲环唑 2 000 倍液，每 7~10 天喷药一次，轮换用药 2~3 次。三唑类药剂对茭白有药害，只可在早期使用，一个生长季最多使用 2 次。

纹枯病在发病初期用 20%三环唑 500 倍或井岗霉素 3 000 倍或 50%多菌灵 800 倍液，每隔 7 天防治 2~3 次。

胡麻叶斑病在发病初期用 20%三环唑 800 倍或 10%苯醚甲环唑 2 000 倍或 80%代森锰锌 1 000 倍液喷雾防治。

二化螟幼虫孵化期用 20%氯虫苯甲酰胺 3 000 倍液或 2%阿维菌素 1 500 倍液防治 1~2 次。

长绿飞虱可用 10%吡虫啉 2 000 倍液或 25%扑虱灵 1 000 倍液防治。

(7) 草害防治。待苗长齐后，及时耘耥，除去杂草，也可排干田水，每亩用 18%乙苄系列 30 克或 10%苄黄隆 12~15 克，对水 40 千克喷雾，一天后复水。还可套养鱼、鸭来控制草害。

(8) 采收。秋茭自 10 月底开始采收，至 12 月上旬结束。采收标准一般掌握在茭肉明显膨大，叶鞘一侧略张开，茭茎稍露 0.5~1 厘米时为宜。过迟则质地粗糙、品质下降，过早茭白嫩而产量低。需外运销售的产品在收后留三片包叶浸水，使茭白经远距离运输仍保持肉茎鲜嫩。

二、大棚夏茭栽培

(1) 搭棚盖膜。秋茭采收后及时割去地上部分残株，清洁田园，集中烧毁，以减少虫口和病菌的越冬基数。为促进植株提早萌发，一般于 12 月底完成搭棚并盖膜。搭棚前要放干田水，保持田面湿润，脚不下陷，以利于搭棚时的田间操作。适宜搭建 6 至 8 米宽钢架大棚，两个大棚之间留 1.2 米宽的套种空间。

(2) 萌芽肥。12 月中旬盖膜前施萌芽肥，每亩施碳胺 50 千克，过磷酸钙 50 千克，或用三元复合肥 40 千克。施好后一周盖膜，灌浅水，以提高肥料利用率。

(3) 追肥。夏茭第一次追肥在苗高 10~20 厘米时，每亩施尿素 5 千克、复合肥 10 千克，以后视植株长势，每隔 10~15 天再施 1~2 次，每次用尿素 5~8 千克、复合肥 10 千克。待 50%左右植株开始孕茭后施孕茭肥，每亩施复合肥 25 千克。

(4) 定株。当苗高 20~30 厘米时就需开始删苗定株，删除中心苗、弱小苗，每墩留疏密均匀的粗壮苗 20~25 株。删苗的同时，在茭墩中心压上泥淤，防已删苗再抽生，也使植株向四周分散生长。

(5) 大棚管理。棚栽茭白 3 月中旬前以盖膜保温为主。早春茭墩抽苗后，天气温和时，在早上 10 时气温升高后，大棚进行两头通风，棚内气温超过 30℃时，揭边膜和两头通风，防高温伤苗；当棚内湿度过大时，在中午前后进行通风降湿。在 4 月初，茭白植株叶片长高到触及大棚肩部棚膜时即可全揭膜。

(6) 病虫害防治。大棚夏茭由于比露地生长期提前，病虫害发生相对较轻，一般

丝瓜育苗

丝瓜成熟

只需对锈病、胡麻斑病进行一次化学防治即可，方法同秋茭。

（7）采收。大棚夏茭一般在4月上旬开始采收，比露地提早25天左右，一直采至5月下旬。采收标准可参照秋茭。

三、丝瓜栽培

（1）品种选择。一般选择较耐水的普通丝瓜，如“嵊州白丝瓜”“春丝1号”等。

（2）培制土墩。在大棚之间每隔1.5米培制一个土墩，培制土墩所需泥土可就地取材，在秋茭采收后排干田水，预先起堆晒干，混施农家肥，以控根容器或竹篓围住。土墩要求直径40厘米以上，高度50厘米以上，土墩高度若过低，丝瓜定植后，茭田水面离丝瓜根系近，丝瓜根系发育会受到较大影响。

（3）育苗定植。丝瓜在3月中旬以穴盘或营养钵播种育苗，播后一周出苗，在4月下旬当秧苗有4叶1心时，选择晴天定植。每个土墩定植4株，每亩栽240株左右。

（4）引蔓上架。在大棚内离水面1.5米高度拉设尼龙丝网，待丝瓜蔓藤长到50厘米后用尼龙绳或竹杆引蔓到尼龙丝网，丝瓜结果后从网洞垂挂下来，瓜蔓整理、采收都在伸手可及的高度，便于操作。

（5）植株整理。丝瓜的主侧蔓均能开花、结果，一般以主蔓结果为主。丝瓜开花后，主蔓基部0.5米以下的侧蔓全部摘除，保留较强壮的侧蔓，每个侧蔓在结2~3个瓜后摘顶。上架后如侧蔓过多，可适当摘除一些较密或较弱的侧蔓，及时疏除过密枝条、老叶、黄叶以及畸形幼果等，以利通风透光，养分集中，促进瓜条肥大伸长。

（6）肥水管理。茭白田一般常年有水，培植丝瓜的土墩置于茭白田中，水分相对充足，不需要浇水。出现雌花后进行第一次追肥，每亩施复合肥3千克，在土墩中进行对水浇施或撒施，座果后再追施一次，每亩施复合肥3千克。到6月下旬，丝瓜根系已伸展至篓底部，此时可在篓底部外围撒施肥料，以利吸收。丝瓜进入采收盛期，每采收2次追肥1次，每次每亩施复合肥3~5千克。

(7) 病虫害防治。丝瓜在整个生育期主要病虫害有霜霉病、白粉病、蚜虫、瓜绢螟等，需及时对症下药，具体方法如下。

霜霉病发病初期选用75%百菌清600倍液或64%杀毒矾400~600倍液或70%代森锰锌800倍液或50%烯酰吗啉1 000倍液喷雾防治。

发现叶片有白粉病零星小粉斑时应立即施药防治，可喷施10%世高水分散粒剂2 000倍液或12.5%烯唑醇2 500倍液或20%粉锈宁1 000倍液或70%代森锰锌800倍液，交替使用，隔5~7天一次，连续2~3次。

瓜绢螟幼虫发生初期及时摘除被害的卷叶，可用1%甲维盐3 000倍液或1.8%阿维菌素或15%茚虫威2 000倍液喷雾防治。

蚜虫可用25%吡蚜酮2 000倍液或25%噻嗪酮1 500倍液或10%吡虫啉1 000倍液等喷雾防治。

(8) 适时采收。丝瓜连续结果性强，盛果期果实生长较快，可每隔1~2天采收1次。嫩瓜采收过早产量低，过晚果肉纤维化，品质下降。采收时间宜在早晨，用剪刀齐果柄处剪断，采收时必须轻放，忌压。

(9) 适期拉蔓下架。9月初气温开始下降，丝瓜也已经过了盛采期，为不影响秋茭植株生长，应及时拉蔓下架，将枝叶清理干净销毁。

执笔：缙云县农业局菜篮办　马雅敏

第二篇（共19例）

水旱轮作

新型农作制度50例

瓜虾轮作模式

瓜虾轮作模式即于当年12月到翌年6月在南美白对虾养殖塘内种植大棚甜瓜，待甜瓜收获后，7—11月养殖南美白对虾。该模式充分利用时空，有效提高了虾塘利用率、产出率，控制了甜瓜蔓枯病、枯萎病、根腐病等土传病害的侵染，克服设施甜瓜连作障碍，改善土壤生态环境。该“种养结合、水旱轮作”模式在三门县年推广面积已达500多亩。

基本概况

瓜虾轮作模式平均每亩产甜瓜1 900千克，虾230千克，每亩总产值22 500元，每亩净利润10 500元。

作物	产量(千克/亩)	产值(元/亩)	净利润(元/亩)
甜瓜	1 900	13 300	7 300
虾	230	9 200	3 200
合计		22 500	10 500

虾塘与大棚瓜田

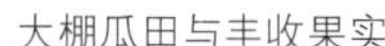

大棚瓜田与丰收果实

茬口安排

甜瓜播种期12月中下旬，播后20~30天移栽，4月上中旬开始采收，至6月底采收结束。南美白对虾7月中下旬放苗，10—11月捕捞。

作物	播种(放苗)期	定植(移栽)期	采收(捕捞)期
甜瓜	12月中下旬	1月上中旬	4—6月
虾	7月中下旬		10—11月

关键技术

一、甜瓜栽培

(1) 开虾沟搭棚整地。选择土壤肥沃、排水良好地块，在地块周围开虾沟（次年要清除淤泥，让太阳暴晒），沟宽约4米，深1.3米，在虾沟进出口埋好PVC进出水管，田埂夯实防渗水。一个月前搭建大棚，深翻土壤，精细作畦，整地后亩施腐熟有机肥1 000千克、三元复合肥50千克，浇透底水，隔天施多菌灵1千克、辛硫磷颗粒1千克。大棚采用南北朝向，长度30~40米，宽度7~8米。采用膜下铺设滴管，提早半个月闷棚提温。

(2) 选用良种。可选择“东方蜜1号”“甬甜5号”“甬甜7号”等甜瓜品种。

(3) 播种育苗。播种前将种子投入70℃热水浸泡7小时后晾干，再用种子放在毛巾里包好在28~32℃的环境下催芽24小时，当种芽有1毫米以上时即可播种到穴盘上。播种期：12月上旬至翌年1月下旬。播种方式：采用大棚温室塑盘定孔播种，按每孔一粒种子定放孔内，再盖上专用育苗基质或营养土，苗床营养土配制采用泥炭50%+珍珠岩 15%+蛭石 15%+纯有机肥 20%的基质，72 孔穴盘暖床育苗，苗龄 20~30 天。

(4) 合理密植。

① 移栽时间：1 月上旬开始移栽，选择晴天上午进行。

② 定植密度：双蔓爬地栽培，株距 40 厘米，亩栽 650 株。

③ 定植方法：定植前 2~3 天，在大棚内开定植穴。如土壤太干燥，先浇适量定植水。定植前 1~2 天，苗床内浇水，叶面喷 800 倍液百菌清加 0.2%~0.3%磷酸二氢钾。定植后用细土围苗，如土壤干燥浇 1 次定根水，定植后如基肥足，生长正常，前期不必浇水和施肥。

(5) 田间管理。栽后以保温为主，少浇水。当苗长至 3~4 片真叶时，主蔓摘心，当侧蔓长至 15 厘米以上时，选留二条生长基本一致的子蔓，当子蔓长至 60 厘米以上并具有 9 张以上大叶，将 7 节以下孙蔓一次性去掉，8~12 节长出的在第一叶节上有雌花的孙蔓，留作为结果蔓，进行 1~2 叶摘心。注意：整枝作业需在晴天上午进行。

整个生长期一般不追施有机肥，若基肥不足，可追施部分饼肥或化肥。第 1 次追肥在点花后 15 天，第 2 次追施膨大肥，每亩每次施复合肥 10 千克。苗期适当控水蹲苗，以利幼苗扎根，夏季气温高，避免中午浇水，果实膨大期适当增加灌溉，果实成熟前 15 天停止浇水，要求膜下滴灌，切忌漫灌和串灌。开花座果期用座果灵保果。留果：第一批瓜选留子蔓上 8~10 节位的孙蔓上着生的雌花结果；第二批瓜选择子蔓 18 节前后的孙蔓上的雌花坐果。坐瓜一周后定果，摘除畸形瓜和低节位瓜。第一、第二批单蔓各留瓜 2 只，单株共留瓜 4 只。

(6) 病虫害防治。甜瓜主要病害：猝倒病、蔓枯病、枯萎病、疫病、霜霉病、病毒病、白粉病等。甜瓜主要虫害：地下害虫、蚜虫、白粉虱、红蜘蛛、潜叶蝇等。可根据发生情况及时防治。

(7) 采收。结果至采收一般需 40 天，特早熟品种 4 月上旬开始采收。采收时要轻采轻放，留 3~6 厘米长的果柄。

头批瓜采后，及时追肥，每亩用三元复合肥 10~15 千克+海藻冲施肥 5 千克+微补冲力 1 千克滴灌，同时做好病虫害防治，第二、第三批瓜陆续结果，及时采收。

二、虾养殖

(1) 放苗。南美白对虾养殖期为 7 月至 11 月，甜瓜收后及时清理瓜棚。对虾放苗前半个月，虾沟进水 40 厘米用生石灰或漂白粉消毒；放苗前 7 天以有机肥和微生物肥塘（宜晴天上午 9 时进行）；7 月中下旬先将对虾育苗厂买来的虾苗（虾苗要求淡化处理 10 天）放在虾沟内养殖 20 天后，再放水淹没瓜田，使虾进入瓜田活动。放养密度掌握在每亩虾苗 3 万~5 万尾（放苗宜晴天上午 10 时前进行），放苗水质要求 pH 值 8 左右，透明度适中，即达到“肥、活、嫩、爽”；放苗前提前开动增氧机 2 小时搅动池水后关掉，在上风处分散放苗；放苗时注意盐度差不超 3‰，水温差不超 3℃。

(2) 投喂。虾苗下塘7~15天内，0号料每百万尾3千克，养殖前期每天投喂2次，即8时、20时投喂；养殖中期每天投喂3次，即8时、19时、23时投喂；养殖后期每天投喂4次，即7时、12时、19时、24时投喂。投喂时在塘边均匀泼洒，夜间投喂量占日投喂总量的50%。随着虾苗的长大，逐步投喂1号~4号料，投喂量也相应增大。

(3) 水质调节。南美白对虾池塘的水色以黄褐色为好。养殖前期逐步添加新水、中期少量换水、后期多换水。生长期间用增氧机适时增氧。养殖前期，透明度控制在30厘米左右，后期25厘米左右。

(4) 病害防治。南美白对虾一旦发病，很难治愈，应以预防为主。预防方法：使用复合碘消毒剂，1米水深每亩用量150克，溶水全池均匀泼洒，隔5~7天再使用1次。

(5) 捕捞。南美白对虾养殖65~80天可捕捞上市，捕捞一般采用虾笼网具起捕。

执笔：浙江省农业技术推广中心　胡美华
三门县农业技术推广总站　何贤超

虾塘与大棚瓜田

大棚草莓—水稻轮作模式

基本概况

草莓是深受消费者喜爱的时鲜水果，经济效益高，在江浙一带广泛种植，作为中国草莓之乡，仅建德市年种植面积就达 1.4 万亩。草莓是旱地作物，栽培技术要求较高，如不换地连年重茬种植，会造成土质严重恶化，草莓土传病害、茎叶病害发生严重，产量、品质下降。近年来，通过推广大棚草莓—水稻高效轮作栽培模式，实行水旱轮作，既能减轻草莓病虫害发生程度，改善土壤结构，增加土壤有机质含量，又能提高土地产出率和经济效益，实现稳粮高效和农民增收。目前，大棚草莓—水稻轮作模式年推广面积在 5 万亩以上。

产量效益

大棚草莓—水稻轮作模式对草莓、水稻高产稳产均有好处，减轻作物病害，减少农药使用量，提高产品品质，经济效益、社会效益和生态效益十分明显。据调查统计，该模式亩产草莓 1 500 千克，亩产值 23 700 元，亩净利润 18 000 元；亩产稻谷 540 千克，亩产值 1 300 元，亩净利润 600 元，每亩总利润达到 18 600 元，实现了农业增效、农民增收。

作物	产量(千克/亩)	产值(元/亩)	净利润(元/亩)
大棚草莓	1 500	23 700	18 000
水稻	540	1 300	600
合计		25 000	18 600

本页图：大棚草莓与棚内水稻

茬口安排

水稻一般4月中下旬播种，5月上中旬移栽，8月中下旬收割。8月中下旬以后可以进行土壤消毒和整地作畦，9月上中旬草莓定植。翌年4月下旬草莓采收后，卸下大棚膜，收去地膜，保留棚架，把草莓植株翻入田内作绿肥，灌水沤制7天后再种植水稻。

作物	播植(移栽)期	采收期
大棚草莓	9月上中旬移栽	11月下旬至翌年4月下旬
水稻	4月中下旬秧盘育苗,5月初机插	8月中下旬

关键技术

一、草莓栽培技术要点

(1) 育苗。主栽品种“红颊”“章姬”，示范推广“越心”“越丽”等。母株选择种性纯正的无病虫种苗。选非重茬地，施足基肥，四周开好深沟，畦间浅沟，畦宽1.5米左右。亩栽600~1 000株，浇透定根水。雨季排水，干旱沟灌水，适时追肥，掰除花茎、老叶、病叶，及时做好理蔓、除草等。7月上中旬亩苗数达3万株时开始控苗，8月中下旬放苗，少肥少水，打叶遮阳。

(2) 定植。9月上中旬起苗移栽，大垄双行栽植，株距22~25厘米，亩种5 500~6 500株。草莓移栽后浇定根水，灌半沟水，覆盖遮阳网促成活。成活后及时松土除草，施提苗肥，适当控水，及时摘除老叶、病叶和匍匐茎。

(3) 栽培管理。温度低于10℃时，地面全层覆地膜、外盖大棚膜，前期控制温度低于30℃，后期控制在23℃~27℃，湿度80%以内。始花后放养蜜蜂，每棚一箱，人工添加糖水饲喂，喷药时移出。疏花疏果，每花序留4~7果。适时掰叶、除病果，适期采收。

(4) 肥水管理。施足基肥，一般亩施商品有机肥500~1 000千克，菜籽饼肥100千克，不含氯复合肥40千克，必要时施硼肥0.3千克。定植成活第一次松土后，亩用5千克不含氯复合肥（N∶P∶K=20∶9∶16）对成0.3%溶液浇施。每批花序现蕾时，一般在覆地膜前亩用15千克不含氯高钾复合肥（N∶P∶K=16∶9∶20）对成0.3%浓度浇施。每批花序顶果开始膨大时，亩施不含氯高钾三元复合肥（N∶P∶K=12∶9∶24）15千克。分别在每批花序顶果开始采摘前和采摘盛期，亩用不含氯高钾复合肥（N∶P∶K=12∶9∶24）15千克追肥一次，浓度控制在0.2%~0.4%，并用0.1%~0.2%磷酸二氢钾和多元素肥进行根外追肥。

左上图：草莓开沟做畦　　右上图：机械插秧
左下图：草莓定植　　右下图：机械收割

（5）病虫防治。病害主要防治灰霉病、白粉病、黄萎病、炭疽病等，虫害主要防治蚜虫、螨类、斜纹夜蛾等。

二、水稻栽培技术要点

（1）秧盘育苗。草莓大棚种植水稻一般采用秧盘育苗和机械插秧。品种："中早39""嘉育253""金早47"等。4月中下旬开始秧盘育苗，5月中旬使用小型插秧机插秧。秧盘育苗的水稻种子要求根芽整齐，长短适中，若根芽太长，将影响播种均匀度，播后难以扎根。根据不同根芽长度的试验，以芽谷的根长不超过0.5厘米、芽长不超过0.3厘米为宜。因此，要精选种子，种子经清水或盐水选种后，用药剂浸种消毒，调节好催芽过程中的水分和温度，催出根短芽壮的芽谷。

（2）肥水管理。根据大棚前作草莓的施肥情况，少施基肥，适当施用苗肥，巧施穗肥，增施钾肥。当苗数达到预期穗数80%左右时，应及时清沟排水、搁田。孕穗期保持浅水层，灌浆期湿润灌溉。

（3）病虫防治。做好稻纵卷叶螟、二化螟、稻飞虱和纹枯病、矮缩病等病虫害的防治工作。

执笔：建德市农技推广中心水果服务站　廖益民
浙江省农业技术推广中心　胡美华

大棚甜瓜—水稻轮作模式

基本概况

大棚甜瓜产量高、效益好，是浙江省主要瓜果品种。在嘉兴、台州、宁波等地种植面积较大。大棚甜瓜—水稻水旱轮作模式茬口搭配合理、季节衔接紧凑，资源利用率高，具有稳粮增效、减轻连作障碍等显著效果，全省年推广面积10万亩以上，促进了甜瓜产业的健康可持续发展。

产量效益

冬春茬大棚甜瓜一般收2~3批瓜，亩产量约2 800千克，亩产值约14 000元，成本主要为物化成本（种子、化肥、农药、农膜等）和人工成本，每亩物化成本约3 500元，人工成本约3 000元，散户种植靠自己栽培管理，规模大户则依靠雇工管理，用工支出成本较高，综合考虑亩净利润约9 000元；水稻亩产量约550千克，亩产值约1 650元，亩净利润约1 000元。

作物	产量(千克/亩)	产值(元/亩)	净利润(元/亩)
大棚甜瓜	2 800	14 000	9 000
水稻	550	1 650	1 000
合计		15 650	10 000

嘉善马家桥大棚瓜果基地

茬口安排

冬春茬大棚甜瓜一般于11月底至翌年1月上旬播种，苗龄30天左右，于1月上旬至2月中旬移栽到大田，从座瓜到采收一般需要40天以上，采收期为4月中旬至6月中旬；水稻一般于6月中旬育苗，7月中旬定植到大田，也可采用直播，10月下旬至11月上旬收割。

作物	播种期	定植(移栽)期	采收期
大棚甜瓜	11月底至翌年1月上旬	1月上旬至2月中旬	4月中旬至6月中旬
水稻	6月中旬播种育苗或直播	7月中旬	10月下旬至11月上旬

关键技术

一、大棚甜瓜栽培技术要点

(1) 品种选择。选择耐低温、耐弱光、早熟、品质好、易坐果、产量高、抗逆性强的品种，如“西薄洛托”等。

(2) 培育壮苗。11月底至翌年1月上旬播种，每亩用种800粒左右。选择排水良好，阳光充足田块育苗。采用营养钵育苗，营养土以1 000千克稻田土加充分腐熟有机肥50千克、12%过磷酸钙2千克拌匀，需堆制2个月以上。播种前将种子浸种催芽，播种后及时撒上均匀的盖籽土（用苗菌敌等药剂配制的药土），并在苗床畦面加覆盖物保温保湿以利出苗。出苗后及时揭除覆盖物，加强苗床温度管理，移栽前7天进行降温炼苗，并喷一次药防病。

(3) 大田管理。定植前15天，全棚深翻30厘米，结合翻耕，每亩施腐熟有机肥1 500~2 500千克、三元复合肥25千克。定植前5天，在定植行开深30厘米、宽25厘米的施肥沟，每亩施三元复合肥25千克，并把畦做成弓背状。1月下旬至2月中旬，秧苗大小为3叶1心至4叶时是适宜定植时间。采用双蔓整枝爬地栽培，株距30厘米左右，每亩栽600~700株。移栽后闷棚5~7天，棚内最低地温15℃以上，棚内白天最高气温35℃左右，以利栽后发根还苗；发根后，棚内白天最高气温在30~35℃，最低地温在15℃以上，以利甜瓜植株正常生长；座果后，白天最高气温控制在35℃左右，座果最低气温在18℃左右，促使果实膨大，有利于后期果实糖分积累。当瓜苗主蔓长至4叶时摘心，以后根据定植密度整枝，一般进行二蔓整枝（留子蔓），子蔓长至25~30叶时摘心。每蔓第一个瓜座果节位一般在10节左右，当第一个瓜长到0.5千克以上时座第二个瓜。座果节位前的孙蔓及时打掉，座果节位的孙蔓留2叶摘心，及时进行疏花疏果，确保果实营养供给充足。根据授粉坐果日期，第一批果实成熟期掌握在授粉后35~45天，第二批果实成熟期掌握在35天左右。

左上图：水稻集约化育秧　　右上图：覆盖越冬
左下图：施腐熟有机肥　　右下图：甜瓜丰收

（4）病虫害防治。大棚甜瓜主要病害为白粉病、霜霉病、蔓枯病，主要虫害为蚜虫、斑潜蝇。按照“预防为主，综合防治”的植保方针，坚持以“农业防治、物理防治和生物防治为主，化学防治为辅”的无害化治理原则防治病虫。

二、水稻栽培技术要点

（1）品种选择。选用生育期相对较短的常规粳稻品种，如“秀水 03”等。

（2）培育壮苗。6 月中旬播种，播种前精选种子，抢晴晒种 1~2 天，并用 18%稻种清一包（3 克）对水 5 千克浸种谷 4 千克的比例进行浸种，浸种 48 小时后清水洗净催芽。

（3）移栽和管理。秧田根据叶龄追肥，施肥量掌握在每次每亩施尿素 5~6 千克。7 月中旬将秧苗移栽大田，每亩栽 2.5 万丛，保证有 8 万基本苗。每亩施腐熟有机肥 750~1 000 千克，并配施 7.5 千克钾肥打底。推广测土配方施肥，增施有机肥和磷、钾肥。移栽后每亩施氮肥折尿素 27 千克左右。

（4）病虫害防治。重点抓好“三虫三病”的防治工作，虫害即稻飞虱（灰稻虱和褐稻虱）、稻纵卷叶螟、二化螟，病害即条纹叶枯病、纹枯病、稻曲病。

执笔：嘉善县农业经济局经作站　徐　丹

大棚番茄—水稻轮作模式

基本概况

番茄是浙江省重要蔬菜品种，除供应本地市场外，还远销上海、江苏等地，种植效益突出。番茄栽培技术要求高，病虫害发生比较频繁，且不耐连作。为做好番茄病虫害的综合防控，提高番茄产量和品质，近年来，温州苍南、瑞安、平阳以及嘉兴嘉善、平湖、南湖等番茄主产地纷纷开展农作制度创新，大力推广“番茄—水稻”水旱轮作种植模式，较好地控制了番茄病害的发生程度，同时缓解了稻菜争地、农民要钱与政府要粮等矛盾，保证粮菜的协调发展。全省年推广面积在3万亩以上。

产量效益

据调查，番茄平均亩产4 100千克，产值17 200元；晚稻亩产470千克，产值1 500元。两熟合计亩产值18 700元，扣除各项农资成本，亩纯收入12 000元。2016年苍南县灵溪镇水垟村152亩示范片，番茄亩产5 030千克，水稻亩产523千克，两熟合计亩产值22 800元，亩纯收入16 120元。

作物	产量(千克/亩)	产值(元/亩)	净利润(元/亩)
大棚番茄	4 100	17 200	10 700
单季稻	470	1 500	1 300
合计		18 700	12 000

苍南县番茄生产基地

上图左：番茄坐果
上图右：分级包装
下图：番茄穴盘育苗

茬口安排

番茄于9月上中旬播种育苗，9月下旬至10月上旬定植，翌年2月上旬开始采收，5月底收获结束；单季稻于5月中下旬播种，6月上中旬移栽，9月下旬至10月上旬收获。如上茬番茄收获早，可采用生育期较短的早稻品种直播，8月上旬即可收获。

作物	播种期	移栽期	收获期
大棚番茄	9月上中旬	9月下旬至10月上旬	翌年2月上旬至5月底
单季稻	5月中下旬	6月上中旬	9月下旬至10月上旬

关键技术

一、大棚番茄栽培技术要点

（1）适时播种。浙江地处东南沿海地区，番茄种植期要避开6—8月的高温、台风灾害季节，实践来看，播种期以9月上中旬为宜。

（2）培育壮苗。苗床选择地势高、平坦，排灌方便，交通便利的地块，并配有连栋大棚、单体大棚或中小拱棚等设施避雨，用遮阳网遮阳降温。采用穴盘育苗，方法是将育苗基质装入育苗盘并浇透水，一穴播1粒种子，播种后用蛭石盖面，并适量均匀喷水。出苗后，水分按"干湿交替"原则管理，即一次浇透，待基质转干时再浇第2次水。施肥按照基质种类和苗的长势而定，国产商品基质已添加肥料，不需追肥。进口基质需要及时补充养分，用氮磷钾含量N20-P20-K20或N20-P10-K20水溶性肥料，在子叶展开期至真叶期用2 000倍营养液交替浇施2~3次，成苗期应减少施肥。

(3) 合理密植。苗龄25天左右移栽，移栽密度根据品种特性及栽培习惯决定，一般6米宽大棚种4畦，8米宽大棚种5畦，畦宽连沟1.6米，株距40~45厘米，每畦种植双行，每亩宜种1 800~2 000株。

(4) 肥水管理。基肥亩施充分腐熟有机肥1 500~2 000千克，三元复合肥（N15-P15-K15）50~60千克，沟施或翻耕前撒施。坐果前一般不追施肥料，在第二穗果实达乒乓球大时追施第一次肥料，每亩追施15千克复合肥。以后每采收完一穗果追施一次肥，每亩追施高钾复合肥15~20千克或水溶性肥料4~5千克，肥水通过膜下滴灌施入。盛果期番茄对钾肥的需求量增加，忌偏施氮肥，避免筋腐病发生。同时，采用叶面喷施进行根外追肥，补充钙、镁、硼等中微量元素，提高番茄的抗病能力和果实品质。

(5) 保花疏果。番茄在不适宜座果的低温季节，要使用防落素等植物生长调节剂处理花穗使其坐果。在气温15~20℃时，用2.2%防落素水剂700~1 000倍液喷花，在气温20~28℃用1 000~1 500倍液。坐果后应及时进行疏果，去掉同一穗果中发育较晚的小果以及畸形果、裂果、病果、僵果等，每个花序留3~5个果实。

(6) 整枝绑蔓。采用单杆整枝，侧枝在5厘米长时摘除。无限生长型番茄，生长时间长、蔓较长，应采用斜蔓上架。具体做法：待蔓高50厘米时，全部番茄蔓沿同一方向45度向上绑蔓，以后每隔40~50厘米绑蔓一次。为了增加通风透光，要摘除植株下部病、老、枯叶，特别是当果实长到品种正常大小时，可摘除该档果实以下所有的叶片，以促进果实提早转色成熟。

(7) 病虫害防治。病虫主要有番茄猝倒病、青枯病、病毒病、灰霉病、晚疫病、蚜虫、烟粉虱、斑潜蝇等。要按照"预防为主，综合防治"的植保方针，坚持"以农业防治为基础，物理防治、生物防治和化学防治相协调"的无害化治理原则，控制和减少病虫发生，并根据发病情况及时采用对口农药防治。

二、水稻栽培技术要点

(1) 品种选择。经试种，番茄后茬单季稻品种的适宜生育期为125~130天，"甬优1540""甬优2640""甬优1640"等品种可作为番茄后茬水稻首选品种，产量高、生育期适中、抗倒伏性好。如采用早稻直播方式可选用"中嘉早17"等品种。

(2) 适期播种。水稻播种适期为5月中下旬。过早播种，影响上茬的番茄产量，同时，水稻过早成熟鸟害损失严重。过迟播种，影响后茬番茄的种植。

水稻收割

(3) 肥水管理。由于番茄茬田间残留的肥量较多，种植水稻肥力较充足，施肥量要减少。施肥掌握减前补中后的原则，即不施或少施基肥，分蘖肥每亩施尿素 5~7.5 千克，视苗情长势补施保花肥和穗肥，从而达到稳穗攻粒，提高单产的目的。合理管水，适当控苗，当基本苗达到目标有效穗的 70%~80%时控苗，促进有效分蘖，控制无效分蘖，整个生育期以浅水湿润灌溉为宜。

(4) 综合防治病虫。根据田间病虫发生情况，及时防治各种病虫害，重点做好稻飞虱、二化螟、稻丛卷叶螟、纹枯病等病虫的防治，确保水稻安全生产，丰产丰收。

(5) 应用轻简化技术。提高机械化水平，应用轻简化栽培技术，是减低生产成本、提高种植效益的重要措施。目前，插秧机可以满足棚内水稻的插秧要求，但大部分的水稻收割机体型普遍较大，不能进到棚内收割，因此要选择小型水稻收割机械，如“久保田 208”“广西开源 4LBZ-100 型”两种机型机体较小，适合在棚内收割，可解决棚内水稻收割难的问题。

执笔：苍南县农业技术推广站　林　辉

大棚茄子—水稻轮作模式

基本概况

茄子是浙江省主要蔬菜品种之一，在全省广泛种植。大棚茄子因产量高、上市早，种植效益明显。大棚茄子—水稻水旱轮作模式，一直是主推的“千斤粮、万元钱”高效模式，嘉兴、宁波、湖州、绍兴等地种植面积较大。这种模式改善了土壤环境，减轻了病虫草害，促进了水稻与茄子栽培的无缝衔接，既实现了“米袋子”“菜篮子”和“钱袋子”的有机结合，又改善了农业生产环境，有利于农业持续健康发展。

产量效益

据调查，一般茄子平均亩产 4 000 千克，产值 9 800 元，净利 4 600 元；单季晚稻亩产 600 千克，产值 2 000 元，净利 1 000 元，两季合计亩净利润 5 600 元左右。

作物	产量(千克/亩)	产值(元/亩)	净利润(元/亩)
茄子	4 000	9 800	4 600
单季晚稻	600	2 000	1 000
合计		11 800	5 600

本页图：茄子、水稻双丰收

茬口安排

大棚茄子在10月上旬育苗期，采用穴盘育苗方式，11月中下旬定植到大田，翌年2月开始零星成熟，3月开始大量上市，5月中下旬采收结束。单季晚稻于6月上旬播种，采用直播方式，10月下旬开始收割。

作物	播植期	定植期	采收期
茄子	10月上旬育秧	11月中下旬	翌年3月至5月
单季晚稻	5月底6月上旬直播	—	10月下旬至11上旬

关键技术

一、大棚茄子栽培关键技术

（1）育苗定植。选用“引茄1号”品种，10月上旬播种，穴盘育苗，40天后大田定植，宜选择地势高燥、排灌通畅、土层深厚、富含有机质、pH值5.5~7.0的田块，亩栽2 000株左右。

（2）大棚管理

① 保温防寒：采用大棚套中棚加小拱棚、地膜的四膜覆盖技术，如遇连续低温阴雨或强降温天气，还应采取人工增温措施和夜间覆盖保温材料。白天棚内气温应控制在25℃左右，夜间保持在15℃以上；棚内土壤温度尽可能维持在15℃以上。

② 通风透光：在保温的前提下，晴天注意揭膜通风。低温阴雨天也要在中午揭开两头适当通风换气。一般每天上午9—10时揭开中棚薄膜。以增强透光，提高光合作用。晴天10时左右将大棚裙膜揭开通风。下午3—4时闭棚保温。

③ 整枝摘叶：采用二杈整枝，只留主枝与第一档花下第一叶腋的侧枝，其余所有的侧枝均要适时摘除。封行后，及时摘去下部老叶、黄叶、病叶和植株中过密的内膛叶。

④ 保花保果：开花前采用防落素、座果灵等植物生长调节剂喷花序或点花保果，每档花序只留一朵长柱花，其余全部摘掉，及时摘除病果、畸形果、开裂果。

⑤ 病虫害防治：大棚茄子的主要病虫害有猝倒病、立枯病、灰霉病、青枯病、菌核病、蚜虫、烟粉虱、斜纹夜蛾、红蜘蛛、蓟马等。在病虫害防治上，贯彻“预防为主，综合防治”的植保方针，运用农业、物理、生物、化学防治相结合的方法来控制病虫害发生。采用物理生物防治的，可运用黄板、杀虫灯、性诱捕器等诱杀害虫，采用化学防治的，需选用对口农药适时防治，合理轮换和混用农药，严格遵守安全间隔期，不得使用国家明令禁止的高毒、高残留、高生物富集性、高三致（致畸、致癌、致突变）农药及其混配农药。

上图左：茄子苗期
上图右：大棚水稻

下图左：茄子应用 CO_2 施肥技术
下图右：大棚水稻丰收

二、水稻关键技术

（1）播种期（5月底6月上旬）。采用直播稻技术，选用“甬优1540”“甬优9号”等优质高产品种，晒种1天，亩用种1.5千克，浸种灵浸种36小时，催长芽壮芽，稀播、精播、匀播。播后2天内亩用15%直播青60克对水喷施封土防草。保持湿润促全苗。

（2）幼苗期（6月上中旬）。保湿齐苗，三叶上水，浅水促蘖，保水压草。3~4叶期排水，喷施化学除草剂除草，隔天复水，保持水层。4~5叶期删密补空，控制基本苗在3万~4万株。

（3）分蘖期（6月下旬至7月中旬）。5~6叶期亩施平衡肥尿素2.5~5千克，浅水促蘖，保水压草；6月底前达有效穗数80%时开始超前搁田，多次轻搁，搁实搁硬，控蘖促根；7月中旬出现高峰苗为有效穗数的1.8倍时注意稻纵卷叶螟、螟虫、稻虱。

（4）拔节期（7月中下旬）。开始复水，间歇灌溉；倒3叶期，亩施尿素7.5千克（山边田增施钾肥5千克），保蘖增穗，保花增粒。此期要注意防治螟虫、纵卷叶螟、稻虱。

（5）穗分化期（8月上中旬）。主要是注意防治螟虫、纵卷叶螟、纹枯病。

（6）孕穗期（8月下旬）。间歇灌溉，活水壮苞。做好螟虫、纵卷叶螟、稻虱、稻曲病、纹枯病防治。

（7）抽穗期（9月上旬）。以水调温，保水促抽；齐穗后，看苗补施壮粒肥或根外喷肥。

（8）灌浆期（9月中旬至10月下旬）。间歇灌溉，水气协调，湿润到老。9月中旬注意防治螟虫、纵卷叶螟、稻虱、纹枯病；10月上旬注意防治稻虱、蚜虫。

（9）成熟期（10月底11月上旬）。湿润到老，即时割稻。

执笔：象山县农技推广中心 陈燕华

大棚生姜—水稻轮作模式

基本概况

生姜是我国中医主要的药用食材，自古以来就有“生姜治百病”的说法。中医讲究冬吃萝卜夏吃姜，姜在炎热时节有兴奋、排汗降温、提神等作用，可缓解疲劳、乏力、厌食、失眠、腹胀、腹痛等症状，生姜还有健胃增进食欲的作用。大棚栽培生姜以收获嫩姜为主，是深受消费者喜爱的一味应时蔬菜。近年来，嫩姜的消费量不断增长，种植生姜经济效益明显。

大棚生姜和水稻轮作，能改善土壤理化性状，增加土壤通透性，降低土传病菌基数，有效减轻生姜腐烂病（姜瘟）的发生，提高生姜产量和品质。生姜用肥量较大，种植水稻可以消化土壤残留肥力，减少化肥用量，实现稳粮增效、农民增收。目前，该模式主要在嘉兴南湖、嘉善，金华永康、武义，丽水缙云等地推广应用。

生姜采收期

上图左：生姜开定植沟播种
下图左：生姜长势

上图右：生姜培土
下图右：水稻棚内机收

产量效益

根据栽培水平和收获早迟，嫩姜亩产量一般为 1 400~1 900 千克，产值 32 000~38 000 元，成本 15 000~17 000 元，净利润 15 000~23 000 元。栽植密度大应早采收，密度小可根据市场行情稍晚采收，采收早产量低，价格高；采收晚产量高，价格低。水稻亩产 550 千克，产值 1 650 元，净利润 650 元。全年合计亩产值 33 650~39 650 元，净利 15 650~23 650 元。

作物	产量(千克/亩)	产值(元/亩)	净利润(元/亩)
生姜	1 400~1 900(嫩姜)	32 000~38 000	15 000~23 000
水稻	550	1 650	650
合计		33 650~39 650	15 650~23 650

茬口安排

生姜1月上旬开始烘种姜，2月初直播，5月初至6月上旬采收。水稻6月中旬直播，11月上中旬收割。

作物	播栽期	采收期
生姜	2月初直播	5月初至6月上旬
水稻	6月中旬直播	11月上中旬

关键技术

一、生姜栽培技术要点

（1）品种选择。选用本地“红爪姜”或“莱芜大姜”品种。

（2）烘种姜。烘种姜采用木屑暗火加温法。1月上旬开始烘种姜，时间15天左右，根据播种面积确定种姜数量，每亩需优质种姜1 250~1 500千克。烘姜前将厚约50厘米的种姜平摊在烘姜炕上，上盖15~20厘米厚的稻草，温度保持在15~25℃为宜。

（3）催芽。采用电热丝催芽法。在苗床上铺设电热丝，在电热丝上铺置1厘米厚细土，将经过烘姜的种姜平摊在细泥上，厚度20厘米，上盖1~2厘米细泥，再铺设第二层电热丝，然后在电热丝上铺2厘米厚的细泥，再铺一层种姜，厚度30厘米，覆盖一层5厘米厚的细泥，再覆盖10~20厘米的稻草，上盖大棚薄膜，然后用电热丝进行加温催芽，温度保持在18℃，直至种姜萌发短壮芽，催芽时间10天左右。

（4）整地施肥。姜生长期长，需肥量大，一般应重施基肥。亩施三元复合肥50千克、腐熟有机肥（羊粪或鸡粪）750千克做基肥。用旋耕机将基肥与土壤混匀后开沟做畦。8米宽棚内均匀分布开好10条种植沟，种植沟宽20厘米、沟深10~20厘米，沟边余土堆在两沟间起垄，备作以后培土用。

（5）播种。“红爪姜”姜茎直立，叶针形而挺立，开展角度小，适于密植。一般平均行距38厘米，株距8~10厘米，亩栽16 675~20 844株。每条种植沟摆放两排种姜，将种姜掰成30~50克重量的姜块，每块保留至少1个种芽，排放时种芽向上靠种植沟边。种姜摆放后覆少量腐熟蘑菇废料后立即覆土，厚度4厘米左右，覆土后盖白地膜保温。

（6）田间管理

①大棚环境管理：采用大棚+中棚的双层覆盖保温。生姜在地温25~28℃的条件下出苗快而齐，若天气晴暖，一般栽种后20~30天开始出苗。出苗后即将平盖地膜揭掉。4月上旬再撤去中棚膜。大棚白天温度控制在25~30℃，夜间控制在15~18℃为宜。

② 中耕、培土：姜根茎生长要求黑暗湿润的环境条件，因此需随姜根茎的膨大逐渐培土。初次培土可在主茎 7~8 叶，第一分枝出土以前进行，培土高度 5~8 厘米；第 2 次培土在生姜第二、第三分枝期进行。培土结束后，原来的垄变成了操作沟。

③ 除草：姜田容易滋生杂草，人工除草是姜田管理的一项重要措施，人工除草能防止杂草与姜苗争夺养分及减少病虫害的发生。整个生长过程不能使用化学药剂除草。

④ 肥水管理：在施足基肥的基础上，追肥一般结合培土进行，每次亩施三元复合肥 10~15 千克，追肥后再培土。大棚生姜根系数量少，分布浅，怕水淹，做好开沟排水，防止田间积水。采用滴管供水，以利于控制水分。

(7) 虫害防治。虫害主要有姜螟虫，斜纹夜蛾，地老虎等害虫，发现姜螟虫可用氯虫苯甲酰胺 20% SC 3 000~4 000 倍液喷杀。生长后期发现斜纹夜蛾用 0.5%甲维盐（甲氨基阿维菌素苯甲酸盐）1 500~2 000 倍液喷杀或茚虫威 3 000 倍液喷杀。地下害虫一般用辛硫磷等药剂于整地时撒入，发现地老虎用每亩用 0.1 千克敌百虫加 5 千克菜饼散布姜田诱杀。

(8) 采收。嫩茎可在 5 月初至 6 月上旬采收上市。栽植密度大应早采收，密度小可根据市场行情稍晚采收。

二、水稻栽培技术要点

(1) 主栽品种。选用“秀水 134”“秀水 321”“浙粳 88”“嘉 58”等生育期适中的优质晚粳稻品种。

(2) 直播。6 月中旬直播，亩用种量 4 千克左右，播种前用 25%氰烯菌酯（劲护）药剂浸种，防治恶苗病、立枯病。

(3) 肥水管理。由于生姜用肥量大，水稻田不需施基肥。追肥采取前促、中控、后补的办法，分蘖前亩施尿素 15 千克；倒 4 叶期施水稻专用肥 25 千克；倒 2 叶期施尿素 15 千克。播种至 3 叶期湿润灌溉，保持晴天沟中水，田面无积水，阴天放干水，3 叶后建立薄水层，当总苗数达到穗苗数的 80%时开始停水与多次轻搁田，拔节后及时复水，实施干湿交替的水分灌溉方式，直到收获前 7 天，防断水过早。

(4) 病虫害防治。根据病虫草害发生情况及时抓好防治工作，重点抓好纵卷叶螟、二化螟、三化螟、稻飞虱及纹枯病、稻瘟病等病虫的防治。

(5) 机械收割。11 月中下旬，应用大棚水稻收割机收割，收割效率提高 4 倍，收割成本降低 1 倍，亩节本增效 200 元。

执笔：平湖市农技推广中心　吴　平　邵　慧

大棚黄瓜+丝瓜—水稻种植模式

基本概况

大棚黄瓜+丝瓜—水稻种植模式是温州苍南等地菜农在长期实践中摸索出来的一种粮经高效种植模式，它是利用丝瓜对温度要求比黄瓜敏感，尤其是在前期低温条件下其藤叶生长速度慢、生长量小，对黄瓜的生长影响也小，等到翌年气温逐渐回升，丝瓜开始进入旺长期时黄瓜采摘已经基本结束，此时再将黄瓜拉秧腾出棚架空间供丝瓜生长，从而使光热和大棚资源得到了充分利用。此外，黄瓜丝瓜后茬种植水稻，既可以有效改善土壤结构和克服瓜类尤其是黄瓜的连作障碍，又可以兼顾粮食生产，有效缓解粮菜争地的矛盾。目前该模式已在苍南县、瑞安、平阳等地广泛应用，年推广面积 2 000 亩以上。

产量效益

一般亩产黄瓜 3 000 千克，产值 10 000 元；亩产丝瓜 5 500 千克，产值 12 000 元；亩产水稻 500 千克，产值 1 600 元；三茬合计亩产值 23 600 元，扣除各类成本（农户自家不算工资）5 000 元后，净利润 18 600 元。

作物	产量(千克/亩)	产值(元/亩)	净利润(元/亩)
黄瓜	3 000	10 000	8 000
丝瓜	5 500	12 000	9 800
水稻	500	1 600	800
合计		23 600	18 600

本页图：大棚黄瓜丝瓜间作和黄瓜丝瓜共生前期

黄瓜挂果期

黄瓜拉秧后丝瓜旺长期

茬口安排

丝瓜于11月下旬开始播种育苗，丝瓜出苗后再播黄瓜种子，两者播种期相差约10天，12月中下旬全部移栽定植至大棚，翌年2月上旬黄瓜开始采收上市，4月上旬采收结束；3月上旬丝瓜也开始采收上市，7月上旬拉秧并翻耕后种植水稻；水稻于6月中下旬选择另外地块育秧，秧龄25~28天，7月上中旬移栽，于10月底或11月上旬收割入仓。

作物	播种期	定植(移栽)期	采收期
黄瓜	12月上旬	12月中下旬	翌年2月上旬至4月上旬
丝瓜	11月下旬	12月中下旬	翌年3月上旬至7月上旬
水稻	6月中下旬	7月上中旬	10月下旬至11月上旬

关键技术

一、黄瓜、丝瓜栽培技术要点

(1) 品种选择。黄瓜选用早熟、耐低温、耐弱光、坐瓜节位低、抗病性强且外观鲜绿的优质品种，如“百斯特”“超美特”等；丝瓜选用“苍南肉丝瓜”。

(2) 培育壮苗。丝瓜于11月下旬播种，黄瓜12月上旬播种。育苗采用32孔穴盘和瓜类专用育苗基质或营养土育苗，出苗前棚内保持较高温度和湿度，出苗后逐渐降温并加强通风，以防秧苗徒长，并有利于雌花形成。若遇冷空气来临，注意增加覆盖物保暖，防止幼苗受冻。

(3) 大田准备。晚稻收割后，每亩施腐熟鸡粪或牛粪1 000~1 500千克、复合肥30千克、钙镁磷肥25千克、硫酸钾15千克等作为基肥，然后按照沟、畦宽1.75米的规格深翻整地做畦，平整畦面后盖好地膜。

（4）适期定植。12 月中下旬至瓜苗二叶一心时就可以选择晴天定植。定植时一般在每畦种两行，其中奇数畦的两边离畦边 30 厘米处分别种植黄瓜、丝瓜各一行，偶数畦则两行全部种植黄瓜，黄瓜株距 45~50 厘米，丝瓜株距 50~55 厘米，每亩种植黄瓜约 1 300 穴（每穴 1 株）、丝瓜约 400 穴（每穴 2 株）。

（5）大棚管理。定植后及时覆盖棚膜和二层膜保温防冻。追肥宜薄肥勤施、少量多次。通常定植后在第一批黄瓜开始采摘前 3 天，每亩通过滴灌每次追施尿素 5 千克，复合肥 8~10 千克，每次间隔 7~10 天，阴雨天为降低棚内湿度，可以少施或不施。以后视作物生长情况每隔 7~15 天追肥一次，中后期再适当补充钾肥或叶面喷施微量元素。大棚丝瓜生长前期因气温低且多阴雨天气，不易坐果，要用早瓜灵 50~100 倍液蘸花，以提高座果率。

（6）病害防治。大棚春黄瓜病害较多，主要病害有霜霉病、疫病、灰霉病和角斑病等，生产上宜采取“以防为主，综合防治”的防治策略，合理选用生物农药或低毒低残留化学农药进行防治，并严格掌握农药的安全间隔期。其中黄瓜霜霉病、疫病可选用 687.5 克/升的氟菌·霜霉威悬浮剂、50%烯酰吗啉悬浮剂或 72%霜脲·锰锌可湿性粉剂等农药；黄瓜角斑病可选用 77%氢氧化铜可湿性粉剂或 20%噻菌铜悬浮剂等农药；黄瓜丝瓜灰霉病可选用 50%腐霉利可湿性粉剂、50%啶酰菌胺水分散粒剂或 50%异菌脲可湿性粉剂等农药。同一成分的农药在一个生长季节内最多只能连续使用 2 次，以防产生抗药性。

（7）及时采收。黄瓜、丝瓜一般以嫩瓜上市，不宜采收过迟，否则果实易纤维化，降低商品性。一般黄瓜在雌花谢后 10 天开始采收嫩瓜，丝瓜在雌花谢后 10~20 天采收，每 1~2 天采收一次，且宜在清晨采收。

二、水稻栽培技术要点

（1）品种选择。选用“甬优 9 号”“中浙优 8 号”等迟熟、耐肥、稳产、高产、优质品种。

（2）育苗管理。根据当地丝瓜行情，于丝瓜拉秧前四周左右播种（一般在 6 月中下旬）。播种前将种子用 100 毫克/千克烯效唑液浸种 12 小时，清洗后催芽播种，培育带蘖壮秧，秧龄 25 天左右，7 月中旬移栽，每亩插足 1.2 万~1.5 万丛。

（3）大田管理。由于蔬菜田肥力水平较高，整个生育期一般不需施肥。个别肥力较差的田块，每亩可施复合肥 5~7.5 千克作为基肥，并于插秧后 7 天追施尿素 7.5 千克，以促进水稻分蘖和提高有效穗。在水浆管理上，应尽量做到浅水勤灌和适度早搁。注意对螟虫、稻瘟病、白叶枯病和褐飞虱等病虫害进行及时防治。

执笔：苍南县农业技术推广站 沈年桥
浙江省农业技术推广中心 姚 莹

水稻—大棚莴笋—大棚西甜瓜两年五熟模式

基本概况

西甜瓜是浙江省的传统优势产业，设施栽培比较普遍。为提高大棚利用率和种植效益，近年来嘉兴等地重点研究推广了水稻—大棚莴笋—大棚西甜瓜两年五熟模式，实现两年五收，全年平均亩产值达万元以上，亩利润接近万元。该模式茬口搭配合理、季节衔接紧凑，能有效防止西甜瓜连作障碍，提高西甜瓜品质，是一种稳粮增效模式，在嘉兴年推广面积5 000亩左右。

产量效益

据调查，该模式一般水稻亩产550千克，产值1 540元，净利润650元 。两熟莴笋亩产6 000千克，产值12 000元，利润6 240元。西瓜亩产2 500千克，产值8 000元，利润5 520元。甜瓜亩产2 000千克，产值10 000元，利润5 930元。两年五熟合计亩产值30 540元，利润18 340元，年平均亩产值15 770元，利润9 170元。

作物	产量(千克/亩)	产值(元/亩)	净利润(元/亩)
水稻	550	1 540	650
莴笋	3 000	6 000	3 120
西瓜	2 500	8 000	5 520
莴笋	3 000	6 000	3 120
甜瓜	2 000	10 000	5 930
合计		30 540	18 340

大棚莴笋长势

上图左：西瓜 2 月移栽，6 月采收　　上图右：西瓜、甜瓜包装上市
下图：甜瓜 1 月移栽，5 月底采收

茬口安排

水稻采用早熟品种，7 月初直播，10 月上中旬收割。莴笋 10 月中旬移栽，1 月初至 2 月初采收。西瓜 2 月中下旬移栽，5 月中旬至 7 月底采收。8 月进行土壤消毒处理。第二轮莴笋 9 月初育苗、10 月初移栽，11 月底至 12 月中旬采收。甜瓜 1 月中下旬移栽，5 月中旬至 6 月底采收。然后进行第二个两年轮回。

作物	播种、移栽期	采收期
水稻	7 月初直播	10 月上中旬
莴笋	10 月中旬移栽	1 月初至 2 月初
西瓜	2 月中下旬移栽	5 月中旬至 7 月底
	8 月土壤消毒处理	
莴笋	9 月初育苗、10 月初移栽	11 月底至 12 月中旬
甜瓜	1 月中下旬移栽	5 月中旬至 6 月底

关键技术

一、品种选择

（1）水稻品种。“秀水519”“秀水03”等，生育期123天左右。

（2）莴笋品种。“绿丰王”“种都青”。

（3）西瓜品种。“金比特”“拿比特”“早佳8424”。

（4）甜瓜品种。“密天下”“古拉巴”等。

二、田间管理要点

（1）水稻种植技术要点。7月初直播，亩用种量4千克左右，播种前用25%氰烯菌酯（劲护）药剂浸种，防治恶苗病、立枯病。由于瓜类用肥量大，水稻田不需施基肥，追肥采取前促、中控、后补的办法，亩施尿素15千克左右。播种至3叶期湿润灌溉，保持晴天通沟水，田面无积水，阴天放干水，3叶后建立薄水层，当总苗数达到穗苗数的80%时开始停水与多次轻搁田，拔节后及时复水，实施干湿交替的水分灌溉方式，直到收获前7天，防断水过早。根据病虫草害发生情况及时抓好防治工作，重点抓好纵卷叶螟、二化螟、三化螟、稻飞虱及纹枯病、稻瘟病等病虫的防治。

（2）第一茬莴笋种植技术要点。9月中旬播种，10月中旬移栽，亩栽4 500株。亩施挪威复合肥50千克做基肥，于整地时施入。移栽时浇施复合肥20千克，莴苣生长期间追肥2次，打洞施肥，第一次于莴苣四周外叶全部形成后施复合肥25千克，第二次于莴苣茎基部开始肥大时施复合肥25千克。11月中旬低温来临前大棚覆膜保温。病虫害防治：发现霜霉病用64%杀毒矾可湿性粉剂500~600倍或72%克露可湿性粉剂500~800倍液防治。发现蚜虫用一遍净（10%吡虫啉可湿性粉剂）喷杀，发现斜纹夜蛾用1%甲维盐乳油1 500倍液或15%安打悬浮剂3 000倍液喷杀。

（3）西瓜种植技术要点。1月中旬播种，2月中下旬移栽。营养钵或穴盘育苗。应选晴天上午播种，播种前苗床浇足底水，播种时种子平放，一钵（穴）一籽；播后药土（30%多·福10克拌15千克细土）盖种，最后床面加覆盖物控温保湿促出苗。定植前一周在瓜行上开沟埋施基肥，每亩施腐熟鸡粪1 500千克、挪威复合肥50千克。株距45厘米，栽培密度400株/亩，三棚四膜设施种植。整个生长期追肥2次，分别是第一批瓜的膨瓜肥和第二批瓜的膨瓜肥，每次挪威复合肥15千克。主蔓长至5~6叶时摘心，采用二蔓整枝。选择子蔓第二朵雌花结果、坐果节位前孙蔓及时打掉，坐果节位后孙蔓适当选留。选留第7~8节位后的瓜坐果。采用人工授粉或蜜蜂授粉坐果，坐果后做好日期标记，蜜蜂授粉，每300~500平方米棚室放置一箱蜜蜂。西瓜生长前期的病害主要以病毒病为主，而生长后期的病害主要以炭疽病、白粉病为主，西瓜生长前中期虫害主要以蚜虫、蓟马为主，而生长后期虫害主要以红蜘蛛为主，发现病虫害及时用针对性药剂防治。

（4）土壤处理技术。近年来8月份灾害性天气频发，利用这段时间进行大棚土壤的消毒处理既可避免灾害天气带来不必要的农业损失，又可以适当休田、养田，杀灭土壤病菌和线虫。土壤处理方法：每亩施入5千克抗菌剂402，大棚田内灌水至离土层5厘米左右，太阳晒1个月左右。

（5）第二茬莴笋种植技术要点。9月初育苗、10月初移栽。栽培技术同前。

（6）甜瓜种植技术要点。12月中旬播种，1月中下旬移栽。定植前一周在瓜行上开沟埋施基肥，每亩施腐熟鸡粪1500千克、挪威复合肥50千克。棚内三畦，株距28~30厘米，栽培密度900株/亩，三棚四膜设施种植。当主蔓长到3叶时摘心，二蔓整枝，子蔓长至25~30叶时摘心。坐果节位前的孙蔓及时打掉，坐果节位后的孙蔓留2叶摘心。甜瓜生长前期的病害主要以蔓枯病为主，而生长后期的病害主要以炭疽病、白粉病为主，甜瓜生长前中期虫害主要以蚜虫、蓟马为主，发现病虫害及时用针对性药剂防治。

执笔：平湖市农业技术推广中心 吴 平 王 斌

雪菜—水稻轮作模式

基本概况

嘉兴是浙江省雪菜主产地，已有三百多年的历史。嘉善县是“中国雪菜之乡”，“杨庙雪菜”是原产地标志保护产品，产品远销欧美。通过“雪菜—水稻”轮作模式，有效控制了雪菜主要病害——根肿病的发生，并使土壤酸化等连作障碍得到缓解，改善了土壤环境，使雪菜这一传统蔬菜产业得以继续传承和发展，又确保了一年一季水稻的种植，稳定了粮食生产。该模式已在嘉兴和宁波等雪菜主产地大面积推广应用。

产量效益

雪菜亩产量（鲜重）约 6 500 千克，可腌制 300 坛，每坛价格在 16~17 元，亩产值约 5 000 元，净利润 3 500 元；水稻亩产约 550 千克，产值 1 650 元，净利润 1 000 元。

作物	产量(千克/亩)	产值(元/亩)	净利润(元/亩)
雪菜	6 500	5 000	3 500
水稻	550	1 650	1 000
合计		6 650	4 500

水稻青秆黄熟

雪菜小苗

雪菜收割

茬口安排

雪菜于9月下旬播种，苗龄35天左右，10月下旬至11月上旬移栽到大田，3月下旬至4月上旬采收。水稻于5月中下旬育秧或6月上旬直播，6月上中旬移栽，10月上中旬收割。

作物	播种期	定植(移栽)期	采收期
雪菜	9月下旬	10月下旬至11月上旬	3月下旬至4月上旬
水稻	5月中下旬育秧或6月上旬直播	6月上中旬	10月上中旬

关键技术

一、雪菜栽培技术要点

（1）品种选择。选择分蘖力强、长势旺、耐低温的优质、抗病、高产品种，如“多头本地蕻”等。

（2）培育壮苗。9月下旬播种，每亩苗床播种量350~400克，苗床与大田面积比为1:7~1:8。出苗后浇2~3次1%尿素溶液，每亩每次10千克。1叶1心与3叶1心期各间苗1次。

（3）整地定植。开沟做畦，畦宽1.2米，沟宽0.2米，每亩施腐熟有机肥1 000~1 500千克，N、P、K各15%的复合肥30~40千克作基肥。秧龄35天，5~6叶时，即10月下旬至11月上旬定植。行距38厘米，株距25厘米，每亩栽5 500~6 000株。

(4) 大田管理。定植后20天，每亩施硫酸钾10千克、尿素5千克，以后每隔15~20天每亩追施尿素7.5千克，共追施尿素50千克，采收前15天停止追肥。如土壤干燥，要及时沟灌抗旱。封行前，亩用5%精喹禾灵（精禾草克）乳油50毫升或10.8%高效氟吡甲禾灵（高效盖草能）乳油30毫升加水30~45千克喷雾，防治禾本科杂草。双子叶杂草及中后期杂草结合农事操作人工铲除。3月下旬至4月上旬抽苔前收割。收割后，经过晾晒、食盐腌制，再装坛自然发酵30~45天后，即可食用和出售。

(5) 病虫害防治。主要病害为病毒病、霜霉病、菌核病、根肿病、黑斑病、软腐病。主要虫害为蚜虫、黄条跳甲、猿叶虫。按照"预防为主，综合防治"的植保方针，坚持以"农业防治，物理防治，生物防治为主，化学防治为辅"的无害化治理方针。可通过与水稻轮作，增加腐熟有机肥的使用，降低根肿病发生。如发现根肿病可用99%恶霉灵3 000倍或70%甲基硫菌灵600倍液灌根，每穴250毫升，隔5~7天一次，连续3~4次。软腐病用20%噻菌酮悬浮剂1 000倍或47%春雷·王铜可湿性粉剂750倍液喷雾；蚜虫用10%吡虫啉，黄条跳甲、猿叶虫用2.5%溴氰菊酯乳油等药剂对口防治。

二、水稻栽培技术要点

(1) 品种选择。选用生育期相对较短的常规粳稻品种，如"秀水519""秀水03"等。

(2) 培育壮苗。5月中下旬播种或6月上旬直播，播种前抢晴晒种半天，并用18%稻种清一包（3克）加水5千克浸种谷4千克的比例进行种子消毒，浸种48小时后清水洗净、保湿控温催芽至露白。亩用种量3千克。6月上中旬移栽，亩栽2.5万丛，保证每亩有8万基本苗。也可催芽后直播。

(3) 大田管理。每亩施腐熟有机肥750~1 000千克，耙面肥亩施碳铵和过磷酸钙各30千克（直播减1/3）。插秧后一周（直播3叶期前后）亩施尿素7.5千克，隔20天后施尿素10千克，7月15日前后亩施三元复合肥10~15千克。播栽后30天进行搁田，此后采取间歇灌溉为主。

(4) 病虫害防治。重点抓好叶蝉、稻飞虱、稻丛卷叶螟、大螟等害虫和纹枯病、稻曲病、稻瘟病等病害的防治，及时清除田间杂草。

执笔：嘉善县农业经济局经作站 徐 丹
浙江省农业技术推广中心 姚 莹

早稻—西兰花轮作模式

基本概况

临海市是全国最大的冬春西兰花生产和加工出口基地，常年种植面积 10 万亩。由于连年种植，西兰花病害发生趋重，品质和产量下降。为有效缓解连作障碍，2009 年开始，当地农业部门重点研究推广了早稻—西兰花轮作新模式。该模式通过水旱轮作，改善土壤理化性状，降低病虫害发生程度，西兰花产量和品质明显提升；西兰花收获后大量茎叶还田，提高了土壤有机质含量，早稻也容易获得高产。据调查，在连续阴雨等不利天气下，轮作田西兰花黑腐病病株率为 23%，远低于连作田的 50%，且发病程度很轻。轮作还因为切断了斜纹夜蛾、甜菜夜蛾和小菜蛾的食物链，西兰花主要虫害基数越来越低。正常年份，定植后可以不用农药，实现农残“零检出”。实践证明，这一水旱轮作模式农业生产功能优良，既稳定了西兰花产业，又保障了粮食生产，生态、社会和经济效益显著，目前已在临海、三门、温岭等地大面积推广。

产量效益

一般早稻亩产 500 千克，产值 1 550 元，净利润 600 元；西兰花亩产 2 000 千克，产值 4 100 元，净利润 3 100 元，合计年亩净利 3 700 元。

作物	产量(千克/亩)	产值(元/亩)	净利润(元/亩)
早稻	500	1 550	600
西兰花	2 000	4 100	3 100
合计		5 650	3 700

本页图：早稻生产和西兰花球

茬口安排

早稻在4月中旬直播，7月底收获；西兰花根据品种不同，在8月上旬开始育苗，9月上中旬定植，12月底到次年2月收获。

作物	播植期	采收期
早稻	4月中旬	7月底
西兰花	8月中下旬	12月~次年2月

关键技术

一、直播早稻生产技术

直播早稻关键技术是培育全苗、除草剂使用和全程机械化。

（1）及时播种。一般在4月10—20日播种，品种选用“中早39”。要求在7月底收获，避开8月份台风灾害。

（2）种子处理。播前晒种一天后，用25%咪鲜胺（使百克）3000倍液浸种48小时。浸种后直接在25℃~28℃条件下催芽，种子大部分露白即可用电动喷雾器喷播。亩用种量4千克左右。

（3）化学除草。播种后2~4天（立针期、稻谷有短根入土）亩用40%苄嘧·丙草胺或35%吡嘧·丙草胺45~60克对水45千克喷雾，施药后5天秧板保持湿润状态，沟内有水。在3叶期，如稗草严重，用25%二氯喹啉酸50克加10%苄嘧磺隆15克对水45千克喷雾；如稗草特别多，可用2.5%稻杰（五氟磺草胺）40~50毫升对水45千克喷雾；如千金子严重，用10%千金（氰氟草酯）40~60毫升对水45千克喷雾。喷药前排水，药后24小时复水，不能淹没心叶，保持水层5~7天。

（4）肥水管理。由于西兰花后作土壤肥料残留量较多，早稻一般不施基肥，施2次分蘖肥：在秧苗2叶期，亩施尿素5千克；在4叶期，亩施尿素15千克、氯化钾7.5千克。在50%主茎剑叶露尖时亩施尿素2.5千克作穗肥。出苗期干干湿湿，以湿为主；分蘖、孕蘖期要保持浅水层，灌浆期保持土壤干干湿湿，后期提早排水，防止土壤过湿而影响后作。

（5）病虫防治。根据病虫情报及时做好稻纵卷叶螟、二化螟、褐飞虱和纹枯病等病虫害的防治工作。

（6）全程机械化。早稻生产从机械化整地，电动喷雾器喷播，机械化收割，到采用稻谷烘干机烘干，实现全程机械化，生产成本得到有效控制。

二、西兰花生产技术

（1）土地整理技术。增加土壤透气性是早稻后种植西兰花的重要环节，在早稻收获后先用旋耕机旋耕 1 遍，并开好第 1 轮排水沟，畦宽 5.6 米，沟宽 0.4 米，沟深 0.3 米，畦两头和中间每 50 米开一条腰沟，腰沟深 0.5 米，沟渠相通，可排可灌。西兰花定植前 7~10 天前再用旋耕机旋耕 1 遍，再在畦中间开好第 2 轮排水沟，畦宽 2.6 米，沟宽 0.4 米，沟深 0.3 米。

（2）品种与生产季节安排。可选用早熟品种“炎秀”“耐寒优秀”，中熟品种“绿雄 90”“台绿 1 号”等优良品种，品种合理搭配，实现均衡上市。

早熟品种在 8 月上旬至 9 月上旬播种，12 月至次年 1 月上旬收获；中熟品种在 8 月下旬至 9 月中旬播种，12 月下旬至次年 2 月收获。

（3）穴盘育苗。播前用 5%百事达 1 500 倍液加 40%百菌清 600 倍液进行苗床消毒。利用 72 孔穴盘、金色 3 号基质，自动化或半自动化播种，做好出苗期温湿度管理，确保全苗；高温期注意遮荫和水分管理。苗龄控制在 25~30 天，4~5 叶。

（4）合理密植。3 米畦种植 5~6 行，株距 0.4~0.45 米（因品种而异）。定植宜在下午 3 时后或阴天进行，大小苗分片定植，定植当天浇足 1 次定根水，缓苗期保持定植穴土壤湿润。

（5）配方施肥。在最后一次旋耕前每亩用 45%氮磷钾复合肥 40 千克、硼砂 2 千克作基肥。定植后 10~15 天每亩施尿素 10 千克；第一次追肥后 10~15 天，每亩施 45%复合肥 25 千克。现蕾时每亩施 45%复合肥 25 千克、尿素 25 千克作球肥。

（6）科学控制病虫害。重视育苗期的病虫害防治，12 月后充分依靠自然低温控制病虫害。特殊年份发生病虫危害后，根据病虫情报科学用药，做好综合防治，尽量减少农药用量，并严守安全间隔期。

上图：西兰花穴盘育苗
中图：性诱剂防斜纹夜蛾
下图：黄板防蚜虫

执笔：临海市农业技术推广中心 苏英京

香菇—水稻轮作模式

基本概况

香菇—水稻轮作是一种“千斤粮万元钱”的水旱轮作高效模式，缙云、莲都、松阳等香菇主产区年推广应用5 000余亩。通过种植水稻，好气性杂菌以及危害香菇生产的蚁类、螨类和菇蝇等害虫明显减少。通过旱地栽培香菇，改善土壤通气，水稻生长健壮，根系发达，纹枯病等发生明显减轻。该模式的推广应用还解决了农村土地季节性闲置问题，提高了土地的集约利用水平。

产量效益

一般亩产鲜香菇7 000千克，产值42 000元，净利润20 000元；水稻亩产520千克，产值1 250元，净利润550元，两项合计年均亩产值43 250元，净利润20 550元。

作物	产量(千克/亩)	产值(元/亩)	净利润(元/亩)
香菇	7 000	42 000	20 000
水稻	520	1 250	550
合计		43 250	20 550

出菇管理

上图左：香菇生产
下图左：发菌管理

上图右：水稻生产
下图右：菇棚搭建

茬口安排

香菇发菌和出菇时间可长可短，主要根据劳动力安排，在6—8月制棒，10月下旬到11月中下旬下田排场出菇，11月初开始采收，到第二年5月采收结束。水稻在4月下旬左右育秧，5月中下旬移栽，10月中旬收割。

作物	制棒(插秧)期	采收期
香菇	6—8月制棒,10月下旬至11月中下旬排场出菇	11月初至翌年5月
水稻	4月下旬左右育秧,5月中下旬移栽	10月中旬

关键技术

一、香菇

(1) 菌棒制作。基础配方：杂木屑78%，麦麸20%，糖1%，石膏粉1%，具体视品种调整。拌料均匀，基质含水量55%左右，但也应按照具体情况调节，气温高，为提高成品率要适当降低含水量；接种偏迟，为缩短菌丝成熟时间，含水量也要适当降低。装袋松紧适度，并及时上架灭菌，宜用灭菌周转架，以利蒸汽流通。待菌棒温度降到28℃以下时可接种，接种严格遵循无菌操作原则。香菇品种选择“L808”“L939”“L868”等。

(2) 发菌管理。室外荫棚发菌，要求卫生、通风、干燥。在高温来临前采取散堆、减少堆叠层数，高温期采用棚顶喷水等降温措施，前期黑暗培养，后期可增加散射光。高温季节菌棒禁止刺孔，避免烧菌烂棒发生。通过刺孔通气，缩短菌丝生理成熟时间，达到生理成熟时脱袋。菌棒生理成熟标志是，菌棒出现棕褐色菌膜，并有20%~30%菌棒出现菇蕾，菌棒重量比接种时降低15%以上，用手抓菌棒弹性感强。

(3) 菇棚搭建。

① 场地要求：选择无环境污染、水质好、排灌便利、温光条件好、交通顺畅的田块。菇棚搭建宜东西走向，坐北朝南，以利冬季菇棚保温。但进入4月份后，菇棚西侧用草帘遮挡以减少午后阳光的照射，以利香菇生长。

② 棚架搭建：搭建大棚的材料有毛竹、铁丝、大棚薄膜和遮阳网。大棚的规格有多种，以宽5米、高2.2米和长25米的菇棚较为实用。棚中间间隔3米设立柱9根作支撑。拱篾的制备，将毛竹裁成长4.5米，视大小剖成宽5~8厘米的拱篾，修整光滑后，将粗端削尖。准备80根，立柱9根，长2.6~2.8米。在地上拉线用石灰按每隔60厘米定出拱篾入地点，大棚中柱、畦床、畦沟的位置。挖好中柱入地孔及拱篾入地点，将中柱埋入土深40~50厘米固定好，拱篾入土深40厘米，地表基部用竹竿或木条支撑牢固。在中柱上架好横梁，用铁丝扎好后，将两边的拱篾拉向横梁，在横梁上连接，用铁丝固定好，再用4根竹篾沿大棚纵向两列把拱篾逐根连接固定，位置为两侧1/3处一根，2/3处一根。在棚每端加设2根立柱，一根横档，作为大棚膜固定棚门之用。棚架搭建完成后，盖上7.5米×32米的普通大棚薄膜或多功能薄膜，两侧用土块压紧，最后盖上宽6~8米，遮光率为90%的遮阳网。

(4) 畦床制作。

① 畦床整制：棚内菇床整成3畦，两边宽1米，中间2米，两条畦沟（兼人行道）各宽50厘米。畦面有下凹和上凸两种，保湿差的地块用凹畦，保湿好的地块用凸畦，畦面要压实，略呈龟背形。

② 菇架搭建：在畦床上每隔2.5~3米设一高30厘米左右的横档，横档上每隔20厘米钉一枚铁钉，钉尾部分留在横档外面，然后用铁丝纵向拉线，经过横档时在铁钉尾上绕1圈，两端的铁丝绕在木桩上，敲打入地以拉紧铁丝，逐条拉好即完成。

(5) 出菇管理。香菇的栽培管理应因时、因地和因情制宜，协调好水、温、气、湿和光之间的关系，分为秋菇、冬菇和春菇等三个自然阶段，在管理工作上应各有侧重。秋菇是指在11月初至12月中旬采收的香菇。初秋时节，温度较高，空气湿度低，应加强降温、保湿、增氧和防霉等方面管理；晚秋时节，气温渐凉，日夜温差逐渐拉大，应利用温差、保湿、增氧和增加光照，以促进出菇。冬菇是指在12月中旬至3月上旬采收的香菇。冬天气温低，主要是做好增温和保温。遮阳网塑料大棚栽培，薄膜要盖严，减少通风换气。春菇是指在3月中旬至5月采收的香菇。春季气温逐渐回升，可采取降低温度、补足水分和加强通风等措施促进出菇。

二、水稻

(1) 品种选择。选用米质优、高产、抗性强的良种，如“中浙优8号”“甬优15”“甬优17”等。

(2) 大田整理。于5月上中旬，香菇采收结束后，先建立浅水层，用锄削平畦面，将部分香菇废料还田，均匀覆盖畦面，再按照畦宽2~3米开沟，把沟泥均匀地撒在畦面。

(3) 育苗移栽。4月下旬5月初，开始育苗。5月下旬，叶龄4~6叶、单株带蘖2~3个时移栽，行株距30厘米×（20~22）厘米，每亩1万~1.1万穴，每穴1~2苗。浅插匀插，插入土2~3厘米。

(4) 科学施肥。采用前重中轻后补原则。一般以基肥为主，每亩可用碳铵20千克，过磷酸钙20千克。插后5~7天亩用尿素6千克，钾肥5千克。

(5) 水浆管理。当苗数达到15万左右时排水搁田，控制最高苗，提高成穗率，促进根系发育，增强后期抗倒伏能力。抽穗期灌浆初期，保持薄水层。

(6) 病虫防治。坚持“预防为主，综合防治”的植保工作方针。以种植抗病虫品种为中心，以健身栽培为基础，药剂保护为辅的综合防治措施。重点防治稻瘟病、白叶枯病、纹枯病、稻飞虱、稻螟等。

执笔：缙云县农业局食用菌办公室 徐 波
浙江省农业技术推广中心 陈 青

黑木耳—水稻轮作模式

基本概况

黑木耳—水稻轮作是充分利用水稻收获结束后的冬闲田作黑木耳耳场，黑木耳生产结束后再种植水稻的一种水旱轮作模式。该模式提高了冬闲田的利用率，也解决了黑木耳生产场地问题。同时，水稻田作菌场，其杂菌基数小，黑木耳不容易受杂菌污染，产量高，品质好；黑木耳采收后废弃菌棒可以部分还田改良土壤，提高耕地有机质含量，水稻生长更健壮，因此是一项“千斤粮万元钱”的生态高效模式，在龙泉、景宁、云和、庆元、常山等地应用广泛，年推广面积 2 万亩以上。

产量效益

一般水稻亩产 600 千克，产值 1 680 元，净收入 1 100 元；每亩可排黑木耳菌棒 8 000 棒左右，亩产黑木耳（干品）480 千克，产值 33 600 万元，净收入 19 200 万元，合计亩均年净收入 20 300 万元。

作物	产量(千克/亩)	产值(元/亩)	净利润(元/亩)
水稻	600	1 680	1 100
黑木耳	480	33 600	19 200
合计		35 280	20 300

稻耳轮作与黑木耳排

上图左：黑木耳养菌
下图左：刺孔穿耳

上图右：黑木耳采收
下图右：黑木耳搭架晾晒

茬口安排

水稻栽培时间与常规单季晚稻栽培时间相同，即4月下旬至5月上旬播种，5月下旬至6月上旬适时移栽，9月底至10月上旬收割。水稻收割后及时整理大田，黑木耳菌棒排场出耳，11月下旬开始采收，次年4月底结束。

作物	播栽期	采收期
水稻	4月下旬至5月上旬播种育秧,5月下旬至6月上旬移栽	9月下旬至10月上旬
黑木耳	9月下旬至10月上旬	11月下旬至次年4月

关键技术

一、水稻栽培技术

（1）品种选用。选用中“中浙优8号”“甬优1540”等耐肥、高产、优质、抗病的杂交稻组合。

（2）培育壮秧。4月下旬至5月上旬播种育秧，播种前晒种1天，采用药剂浸种，防止恶苗病和立枯病。催芽至露白时播种，稀播匀播。提倡采用旱育秧培育带蘖壮秧。

（3）合理密植。一般亩插1万丛，株行距20厘米×30厘米。过度密植会导致植株后期光照不足，阻碍光合作用，在通风不良时，垩白米会增加，同时病虫害发生加重，影响稻米品质。

(4) 科学施肥。黑木耳生产后，将1/3废菌棒进行还田处理，能有效提高土壤有机质含量，防止土壤板结与酸化。基肥每亩用水稻专用肥40千克或碳铵25千克加过磷酸钙30千克。第一次耘田时每亩追肥施尿素5~10千克、氯化钾7.5~10千克。破口期亩施15:15:15复合肥10千克作穗肥。

(5) 水浆管理。插秧后薄水护苗，前期浅水促蘖，当总苗数达穗苗数80%时开始搁田控蘖，搁苗要多次轻搁。灌浆期干湿交替壮籽，不要断水过早，黄熟期干搁，促进成熟。

(6) 病虫防治。病虫害有稻瘟病、纹枯病、稻曲病、螟虫、稻纵卷叶螟、稻虱等，根据病虫测报及时做好预防工作。山区较易感染稻瘟病，关键要抓好苗期和齐穗期的稻瘟病预防。

二、黑木耳生产

(1) 品种选择。选择抗逆性好、单片、耳片小、形状好、色泽黑、产量高的“黑山”新品种。

(2) 科学配方。培养基按杂木屑79%，麸皮15%，棉籽壳5%，红糖0.5%，石灰0.5%配方。木屑要求粗细搭配，以2/3粗木屑搭配1/3细木屑为好。麸皮要求新鲜、不结块、干燥、无霉变，以中粗、红麸皮为好。

(3) 拌料装袋。按配方比例称好主料和辅料，先将麸皮、棉籽壳、红糖、石灰等辅料混合，棉籽壳应预湿，搅拌均匀，后将主料木屑堆放在干净的水泥地上，一层主料一层辅料堆放后进行干拌一次，然后加水到基料中，反复搅拌2~3次，培养基含水量55%左右。拌料应均匀、提倡用机械拌料。拌匀后及时装袋，将培养料装入规格53厘米×14.7厘米的聚乙烯塑料筒袋中。

(4) 灭菌冷却。一般采用常压蒸汽灭菌，灭菌时每灶数量以5 000袋左右为好，料袋堆放时层与层、棒与棒之间须留有一定的空隙，确保蒸汽畅通。灭菌开始前几小时，火力要猛，争取在最短时间内温度上升至98~100℃，保持18~20小时。灭菌结束后，当灶内温度自然下降至60℃左右，将料袋搬到消毒后的通风、阴凉、干净场所，并盖上塑料薄膜，按3~4克/立方米的气雾消毒剂烟熏进行自然冷却。

(5) 接种养菌。用接种箱接种，套袋培养，室外荫棚养菌，养菌场地在菌棒移入前2天进行杀虫和消毒。以一字型或“#”字型堆放菌棒，注意避光。菌丝培养过程中应根据天气和发菌情况及时调控温度，发菌初期的3~5天，室温控制在26~28℃，15天后应注意散堆，防止堆内温度过高而烧菌。

(6) 刺孔催耳。菌丝长满耳袋时刺孔，注意不要在料与袋壁脱空或已污染部位刺孔。每支菌棒上刺孔180~200个，呈“品”字型均匀分布。完成刺孔后及时散堆，减少单位面积菌棒堆放数量，加强通风，创造良好的通风和光照条件，促进菌丝恢复及生理成熟。刺孔催耳养菌时间一般为 2~4 天。

（7）出耳管理。以稻田作耳场，使用前应彻底清理耳场四周及场内的杂草、稻桩，每亩用 25~30 千克生石灰浸泡 24~48 小时后，翻耕，暴晒 3~4 天做畦，畦高 15~20 厘米，宽 1.5 米，畦与畦之间务必要留有排水沟，畦床需平整，畦面上覆盖薄膜和稻草、编织袋、黑白膜等防治杂草。床架用铁丝接拉网，喷水设施架空，在菌棒排场前架好，在菌棒排场前对耳场喷水增湿，促使出耳整齐。催耳最适温度为 17~23℃，催耳关键是拉大昼夜温差和增加空气湿度。耳片长大后，可朝菌棒喷水，掌握“干干湿湿、少量多次”的原则。

（8）采收干制。待木耳朵片充分长大，边缘舒展软垂、肉质肥厚、耳根变细时，即可采收。采收时要采大留小，让小木耳继续生长，采前应停水。采收一潮耳结束后停止喷水，让菌棒菌丝恢复生长 7~8 天，管理方法与第一潮木耳相同。采下的耳片要及时晾晒，晴天直接暴晒干透。

执笔：龙泉市食药用菌产业办公室　文冬华
浙江省农业技术推广中心　陈　青

元胡—水稻轮作模式

基本概况

元胡为多年生草本，是“浙八味”之一，具有活血、行气、止痛等功效。在栽培上分为大田生长阶段和种块茎越夏贮藏阶段，其中当年9月下旬到翌年4月中下旬为大田生长阶段，5月到9月中旬为种块茎越夏贮藏阶段。元胡收获后的季节，是种植单季晚稻的理想茬口，元胡茎叶可以还田，水稻收获后，其秸秆可以养猪生成栏肥用作种植元胡的基肥，或冬季直接用于覆盖元胡田，形成一个生态循环。该模式既可以培肥土壤，又可以减轻元胡病虫害发生程度，同时实行粮经轮作，增加农民收入。传统上元胡主产区分布于东阳、磐安、缙云、永康等地，近年建德、仙居、武义等地也发展较快，全省年种植面积约3万亩。

产量效益

元胡平均亩产干品150千克，亩产值7 500元，净收入6 000元；水稻亩产600千克，产值1 680元，净收入1 180元，年亩均纯收入7 180元。

作物	产量(千克/亩)	产值(元/亩)	净利润(元/亩)
水稻	600	1 680	1 180
元胡	150	7 500	6 000
合计		9 000	7 180

东阳画水镇元胡-水稻模式生产基地

本页图：元胡基地和元胡花

茬口安排

水稻在5月中下旬播种，9月底10初月收割。元胡在10月中下旬播种，翌年4月下旬5月上旬收获。

作物	播种期	采收期
水稻	5月中下旬	9月下旬至10月上旬
元胡	10月中下旬	翌年4月下旬至5月上旬

关键技术

一、元胡栽培技术

（1）大田选择。选择土层较深、排水通畅、疏松肥沃、中性至微酸性的沙壤土；不应选择地势低洼、肥力较差、排水不良、黏性过重而板结的土壤。

（2）播种。基肥施有机肥或栏肥，每亩施商品有机肥250~300千克，或栏肥1 000千克，另施钙镁磷肥40~50千克，氯化钾20千克。播前将选好的种茎在50%多菌灵可湿性粉剂1 000倍药液中浸种1小时，捞出晾干后备用。播种量每亩40~45千克，在畦上按行株距为10厘米×（11~13）厘米的密度摆放种茎，芽眼朝上。将沟中的泥土敲碎覆盖于畦面上，覆土厚度为5~6厘米。

（3）田间管理。12月中下旬施腊肥，亩用碳酸氢铵25~30千克、过磷酸钙25~30千克，混匀后撒施于畦背，盖栏肥1 000千克，或盖稻草等；2月底3月初施苗肥，亩用尿素5~6千克；3月中旬施花肥，亩施尿素4~5千克，注意防止肥料伤苗。病虫害防治方面，霜霉病宜在发病初期选用烯酰吗啉等药剂喷雾防治；菌核病宜在发病初期选用菌核净等药剂喷雾防治。元胡龟象，宜在发生初期选用啶虫咪等药剂喷雾防治。播种后杂草出土前及时用对口除草剂封杀。

（4）收获。4 月底至 5 月上、中旬，当地上茎叶枯萎后选晴天及时收获。清理田间杂草，用四齿耙等工具浅翻，边翻边捡净元胡索块茎，运回室内摊晾。

（5）初加工。用孔径 1 厘米的竹筛将元胡索块茎分成大小两级，洗净泥土，除去杂质，盛入竹筐，浸入沸水，大的煮 4~5 分钟，小的煮 2~3 分钟，煮至块茎横切面呈黄色无白心时捞出，晒 3~4 天后收进室内闷 1~2 天，待内部水分外渗，然后晒至干燥。

（6）种茎越夏。种茎越夏期间要预防因贮藏管理不当导致烂种等现象发生。种茎宜选择直径大于 1 厘米，外表无破损，无病虫害的当年生块茎。将种茎摊放在阴凉、通风处晾 4~5 天，待种茎表皮风干发白后包装贮存。种茎应贮存在通风、阴凉、干燥的室内。

二、水稻栽培

（1）品种选择。 选择穗型大、产量高、抗性强、米质优的单季稻品种，如“甬优 15”“甬优 17”等。

（2）播种育秧。播种期 5 月中下旬，生育期长的品种适当提前；秧本比 1:20，秧龄 20~25 天，推广旱育秧和半旱育秧。

（3）大田管理。基肥亩施商品有机肥 200~300 千克，45%复合肥 30 千克，尿素 3 千克；分蘖肥插秧后 5~7 天亩施尿素 8 千克，促花肥倒 4 叶期亩施尿素 3 千克，氯化钾 7.5 千克；保花肥倒 2 叶期亩施尿素 2 千克。大田灌溉做到“寸水活棵、浅水促蘖，及时搁田、干湿交替”。按照病虫情报，及时防治稻纵卷叶螟、二化螟、稻飞虱、稻蓟马和纹枯病、稻曲病、杂草等病虫草害，遵守农药安全间隔期规定。

执笔：东阳市农业局　厉永强

浙江省农业技术推广中心　姜娟萍

西红花—水稻轮作模式

基本概况

西红花具有活血化瘀，凉血解毒，解郁安神的功效，是一种名贵中药材。其生产可分为球茎田间繁育和室内培育开花采丝两个阶段。一般 11 月中下旬西红花球茎移栽到田间至次年 5 月上旬新球茎起土收获，为田间球茎繁育阶段；球茎收获后运回室内，经过 6、7、8 约三个月的休眠，于 9 月初抽芽，11 月上旬开花、采花，称为室内培育开花阶段。西红花球茎收获后，其大田还可以种植一季水稻。该模式实行水旱轮作，能有效控制病害，明显提高西红花产量和品质，在增加农民收入的同时，又确保了粮食生产，是一项“千斤粮万元钱”生态高效模式，目前主要在建德、淳安、缙云、遂昌、开化、安吉、海宁、慈溪、定海、天台等地应用，年推广面积 6 千亩左右。

产量效益

据调查，西红花球茎平均亩产量 600 千克、花丝（干品）0.6 千克左右，球茎和花丝平均亩产值 2.3 万元，净收入 1.9 万元；水稻亩产 550 千克，产值 1815 元，净收入 1 015 元，年亩均纯收入 2 万余元。

作物	产量(千克/亩)	产值(元/亩)	净利润(元/亩)
水稻	550	1 980	1 000
西红花	种球：600，花丝：0.6	23 000	19 000
合计		24 980	20 000

西红花植物形态和抽芽育苗

茬口安排

水稻在5月中旬播种，山区可提前到5月上旬，平原可推迟到5月下旬，10月中下旬收割。西红花在11月中下旬移栽到大田，第二年5月上旬收获球茎，在室内完成开花和采丝环节。

作物	播种期	采收期
水稻	5月中旬	10月中下旬
西红花	11月中下旬	种球:翌年5月上中旬 花丝:翌年10月下旬至11月上旬

关键技术

一、西红花栽培技术

(1) 种球移栽前准备。选择地势高燥、阳光充足、排灌方便，疏松肥沃、保水保肥性好的壤土或沙壤土田块。施足基肥，翻耕时亩用商品有机肥500~750千克，整地时亩施45%硫酸钾三元复合肥40~50千克。移栽前剥除西红花种球苞衣，除净四周侧芽。

(2) 移栽。每亩用种球400~500千克，11月中下旬选晴天移栽，最迟不超过12月底。栽种密度（20~25）厘米×（10~15）厘米，栽种深度8厘米以上。栽种后，每亩用干稻草1 500千克覆盖行间作，然后将沟中的泥土覆盖于畦面，覆土厚度3厘米左右。

(3) 田间管理。2月看苗施肥，长势差的用三元复合肥15千克对水浇施；2月至3月，用0.2%磷酸二氢钾溶液进行根外追肥。田间保持土壤湿润，严防干旱和田间积水。田间杂草及时手工拔除，同时去除球茎四周长出的侧芽。

(4) 收获种球。5月上中旬，选晴天及时收获。方法是先拔除畦面老草，然后从

上图:球茎移栽
中图:田间生长,开沟覆盖
下图:室内开花

集中采花

畦的一端按次序进行挖掘，把挖出的种球运回光线明亮、通风的室内，薄摊在阴凉、干燥的地上，摊放高度不超过 20 厘米。

(5) 种球抽芽前管理。种球在室内摊放一周以后，按种球重 35 克以上、25~35 克、15~25 克、15 克以下分档整理，分别上匾上架，每层放一匾，层间距 40 厘米。球茎上架后，室内以少光阴暗为主，室温控制在 30℃以下，室内保持相对湿度 60%以下。夏季高温时节采用门窗挂草帘或深色窗帘遮光、搭凉棚、房顶盖草、地面洒水或喷雾等措施来调节室内温湿度。

(6) 种球抽芽开花采花加工。种球萌芽后用光线和湿度调控芽的长度，主芽控制在 15 厘米左右。根据球茎个体大小合理留芽，保留顶芽 1~3 个，不断摘除侧芽。种球于 10 月底至 11 月上中旬开花，开花期要求室内光线明亮，特别注意调节温湿度，最适温度为 15~18℃，相对湿度保持在 85%以上。当西红花的花苞将开时及时采摘，当天开花当天采，先集中采下整朵花后再集中剥花，用手指掐去花瓣，取出红色花丝。当天采下的花丝当天烘干，方法是将花丝薄摊在白纸上，上面盖一层透气性良好的纸，然后在 40~50℃文火上烘 3~5 小时至干，不能晒干和阴干。鲜花丝提倡用烘房或烘箱统一烘干。

二、水稻栽培

(1) 品种选择。选择穗大粒多、分蘖能力强、后期转色好、增产潜力大、米质较优的单季稻品种，如“甬优 12”“浙优 18”“甬优 1540”“中浙优 8 号”等。

(2) 播种期。播种期山区 5 月上旬、半山区 5 月中旬、平原 5 月下旬，秧龄 18~25 天，小苗移栽，10 月中下旬收割。

(3) 大田管理。施足有机肥，浅水翻耕后，挖沟起畦，整平畦面，第二天插秧。插秧密度 9 寸× (6~7.5) 寸，每亩插秧 1.1 万~0.9 万丛（双本插秧）。插秧后 5~7 天施追肥，7 月下旬施穗肥。大田水分管理实行“沟水浅栽、薄水护苗、浅水施肥、湿润分蘖、浅水养穗、干湿交替”的技术措施。要根据病虫情报，及时选用高效低毒低残留对口农药，控制稻纵卷叶螟、螟虫、稻飞虱和纹枯病、稻曲病、白叶枯病等病虫害的发生和危害。

执笔：建德市农业局粮油站 崔东柱
浙江省农业技术推广中心 姜娟萍

普陀水仙—水稻轮作模式

基本概况

普陀水仙是舟山市的市花，也是浙江省的主要名优花卉。近年来，通过试验摸索出“普陀水仙—水稻”高效轮作栽培模式，通过水仙与水稻的轮作，不仅减轻普陀水仙的病害发生程度，明显提高水仙商品球的大球率，增加农民收入，而且能稳定海岛地区的粮食生产，生态、经济和社会效益比较显著。目前，该模式占普陀水仙生产面积的50%以上。

产量效益

据调查，普陀水仙亩产商品球7 000只，产值9 100元，净利润6 100元；水稻亩产300千克，产值1 500元，净利润900元，合计年亩产值超万元，净利润7 000元。

作物	产量(千克/亩)	产值(元/亩)	净利润(元/亩)
普陀水仙	7 000	9 100	6 100
水稻	300	1 500	900
合计		10 600	7 000

普陀观音水仙

本页图：水稻水仙轮作

茬口安排

普陀水仙在 9 月下旬至 10 月中旬播种，第二年 6 月中下旬收获；选择生育期短的优质水稻品种，在 5 月中旬育秧，6 月中下旬移栽，9 月中下旬收获。

作物	播种期	采收期
普陀水仙	9 月下旬至 10 月中旬	翌年 6 月中旬
水稻	5 月中旬播种育苗，秧龄 20 天左右移栽	9 月中下旬

关键技术

一、普陀水仙

（1）整地作畦。土地翻耕时，每亩撒施过磷酸钙 50 千克，撒施杀虫剂 3%毒死蜱 3~4 千克；整地时沟施糖醇–大量元素腐殖酸碳菌肥 25 千克，根茎类专用复合肥 75 千克。整地作畦要求深沟高畦，畦面宽 120~130 厘米，畦沟深 35 厘米。

（2）种球挑选和处理。选择球形完整，无病虫害，鳞茎基盘小的三年生球茎或野生球茎作为种球。种植前几天对种球进行阉割处理。

（3）播种。适宜播种期为 9 月下旬至 10 月中旬，种植密度 7 000 只/亩，深度

10~15 厘米。

（4）灌水保湿。下种后立即灌水入田至沟深 2/3 处，待畦面土壤出现湿润斑点时，进行排水。整个生长期始终保持土壤湿润；收获前 20~25 天将沟水排干。

（5）适时追肥。第一次追肥在 11 月上旬，亩施复合肥 10 千克；第二次追肥在球茎膨大初期，亩施尿素 15 千克。

（6）清除杂草。在水仙叶子刚出土时，每亩喷施 30%草甘膦乳油 100 毫升加 50%乙草胺乳油 400 毫升对水 60 千克除草。

（7）地膜覆盖。11 月中下旬覆盖透明地膜，破孔引苗根据气温状况 3 月下旬至 4 月上旬揭去地膜。

（8）植株调整和品种分留。在花蕾即将开放时将花朵摘除，留下花葶。同时，应对“重瓣花”和“状元花”植株进行标签，在收获时分开采收。

（9）病虫害防治。主要病害是基腐病和大褐斑病，主要虫害是红蜘蛛。宜采取“以农业防治为主，化学防治为辅”的综合防治措施，从 3 月初至 5 月中旬进行药剂防治。

（10）商品球贮藏。在储藏前 10 天每天都要通风换气。贮藏中后期也应适当通风换气。球茎堆放后用杀虫、杀螨药粉撒施。在贮藏中期（7 月下旬），用 40%乙烯利溶液 4 毫升/立方浓度进行烟熏处理，密闭 2 小时，间隔一周再烟熏一次。

二、水稻

（1）品种选择。宜选用株型紧凑、耐肥抗倒伏的早熟优质品种，如“宁粳 43”。

（2）适时播种。5 月中旬播种育苗，具体根据水仙花的生长情况作适当调整。

（3）抢季移栽。水仙—水稻轮作季节比较紧，水仙球茎收获后立即翻耕移栽。种植密度比常规单季晚稻适当提高，控制落田苗在 4 万~5 万苗/亩。

（4）肥料管理。由于前作施肥量较大，所以水稻施肥量要明显减少，一般在整田时，亩施 50 千克的碳酸氢铵，在插后 7~10 天施水稻专用复合肥 25 千克。

（5）病虫防治。水仙—水稻轮作的病虫害较轻，根据病虫发生的实际情况，喷药 2~4 次。

执笔：舟山市普陀区农林水利围垦局　江鸿飞　沈舟兵

浙北地区薯稻轮作全程机械化栽培模式

基本概况

浙北湖州、嘉兴是传统粮食主产区，水稻面积大，季节相对紧张。近年来，由于长生育期超级稻品种的大面积推广应用，冬种季节更趋紧张，对传统冬季作物油菜、大小麦生产带来冲击，部分农民不得不放弃种植油菜或大小麦，造成冬季抛荒，不仅影响粮食生产，也对农民增收不利。

为破解浙北稻区冬季作物种植季节紧、效益差、季节性抛荒突出等问题，浙江省从 2013 年冬季开始积极探索浙北稻区马铃薯—水稻高效水旱轮作全程机械化生产模式，首次示范即获成功，取得了较好成效。首先，马铃薯与水稻全程机械化生产，完全解决了季节矛盾。马铃薯适播期长，在 12 月中下旬到 1 月中下旬均可播种，水稻在 11 月中下旬收获后有一个多月的大田整理准备期时间；其次，马铃薯和水稻全部采用机械化作业，省工省力省本，作业效率高，特别适合种粮大户实行规模化种植，也提高了大户的农机使用率；第三，马铃薯与水稻实行水旱轮作，部分稻草还可通过粉碎还田，能有效改善土壤理化性状，有利于提高马铃薯和水稻产量与品质；第四，马铃薯作为南方主要蔬菜品种，产量高，效益稳定，特别是大户种植规模效益明显，亩均净收入一般比水稻要高一倍甚至更多，有利于农民增收。在马铃薯主食化战略带动下，马铃薯发展前景更趋广阔。目前，该模式已逐渐向全省其他地区扩大推广。

机播马铃薯田间长势

产量效益

水稻选用甬优系列超级稻品种，平均亩产 750 千克左右，产值 2 100 元，净利润 700 元；马铃薯选用早熟高产品种，平均亩产达 2 000 千克，产值 3 500 元，净利润 1 700 元，合计年亩均净收入 2 400 元。

作物	产量(千克/亩)	产值(元/亩)	净利润(元/亩)
水稻	750	2 100	700
马铃薯	2 000	3 500	1 700
合计		5 600	2 400

茬口安排

水稻在 5 月上中旬播种，5 月底到 6 月初机械移栽，11 月中下旬机械收割，收获后根据天气情况做好大田准备；马铃薯在 12 月下旬采用一体化播种机播种，5 月中下旬机械收获。

作物	播栽期	收获期
水稻	5 月上中旬播种，6 月初机插	11 月中下旬
马铃薯	12 月下旬至 1 月上旬	5 月中下旬

马铃薯机械收获

关键技术

一、马铃薯机械化栽培技术要点

(1) 田块要求。马铃薯忌水，宜选择地势平坦，排水良好，耕层深厚、疏松的壤土田块，低洼、易淹水的水稻田不适合种植马铃薯。

(2) 大田准备。水稻收获后，抓住晴好天气，采用大型犁耕机进行大田深翻晒土，提高土壤通透性，保持土壤疏松，便于机械操作。播种前一天再进行旋耕，耙细整平，不需开沟。

(3) 种薯准备。选用早熟、高产、优质、抗病性强，适宜当地种植的品种，如“兴佳2号”“中薯3号”“中薯5号”“荷兰十五”“东农303”等。首选东北脱毒马铃薯种薯，根据种薯大小和芽眼分布进行切块，每块重量30克左右，至少带一个芽。切块稍晾干后，用对好药剂的滑石粉拌种，比例为每50千克种薯用1千克滑石粉配150克代森锰锌。

(4) 机械播种。采用马铃薯专用播种机，配用35~40马力拖拉机，大垄双行覆膜种植，垄距100~110厘米，行间距20~25厘米，株距27~30厘米，亩栽4 000~4 500株。开沟下肥、播种、施用杀虫剂、起垄、喷除草剂、覆膜等工序全部一次完成。一般一台机器一天可播20亩左右，整个作业组需4~5个劳力，主要是保证不漏播。行距、株距、下肥量、深浅度等可根据实际需要进行调节。播后及时清理行沟，开好四周围沟。

(5) 机械培土。播后45天左右，见大部分芽长到5~8厘米即将出膜时，用开沟覆土机结合清沟将垄沟土均匀覆于垄顶，覆土厚度一般2厘米左右。机械培土的目的，是使植株自行破膜出苗，而不需采用人工破膜，可大大减轻劳动强度。采用培土自动出苗法，还具有不烧苗，保温保墒，抑制膜下杂草等优点。覆土时要求将垄沟的土尽量覆于膜上，使垄沟尽可能宽深一些有利于排水。

(6) 化学除草。苗高20厘米时，选用专用除草剂除去垄边杂草。

(7) 合理施肥。不施追肥，所有肥料在播种时作为基肥一次性施入。一般要求亩施高钾高氮复合肥150千克或三元复合肥125千克加硫酸钾25千克。

(8) 机械收获。5月上中旬，马铃薯叶片开始落黄时收获，也可根据市场行情适当提前收获。收获时，采用专用马铃薯杀秧机粉碎植株还田，随后用专用收获机翻挖，人工捡拾装框。由于采用了地膜覆盖，故在收获时要注意及时拉除地膜，避免缠绕机器，推荐采用可降解地膜。

二、水稻机械化栽培技术要点

(1) 品种选择。选用优质、高产的超级稻品种，如“甬优12”“甬优538”等，这是水稻亩产750千克以上的基础。

(2) 培育壮秧。5月上中旬播种，采用基质稀播培育壮秧，亩大田用种量0.8~1千克。浸种前晒种1~2天后，选用25%咪鲜胺乳油1 500倍液浸种48小时后直接催芽。播前20天把秧田耕翻待整，于播种前5~7天上水整平，过3天左右排水，做平秧板，开好秧沟，做到面平沟直，以后秧田保持在干燥状态。采用播种流水线播种，基质育秧，播种量每盘70克（芽谷100克），二道淋水浇足水分，每亩14盘，备秧1盘。播种后的秧盘集中叠放于向阳处，叠放高度约1米，并用尼龙膜覆盖，保湿保温3天左右。当种芽长出0.5~1厘米时，移入潮湿平整的防虫网大棚秧田，保持秧板湿度（晴天半沟水），促进根系生长。育苗期看苗色施断奶肥，每次每亩施尿素5千克。

(3) 适龄机插。及早翻耕大田，促进田间前作残留物及杂草充分腐熟烂透。机插前2~3天要施足基肥后二次翻耕平整使土肥均匀混合，整田要达到田平不差寸、寸水不露泥。秧龄15天左右，叶龄3.0叶内，高度12~15厘米时开始机插。行距9寸，株距8寸，每亩插8 000丛左右，每丛平均插2.8本，每亩基本苗2万左右。

(4) 合理施肥。每亩需施纯氮18千克、P_2O_5 16.5千克、K_2O 2千克。移栽前3天，大田上水，每亩施入腐熟羊栏肥（堆闷发酵30天以上）1 200千克、碳酸氢铵20千克和过磷酸钙40千克作基肥然后旋耕，整平时再施碳酸氢铵10千克作耙面肥。

(5) 科学管水。田中间和四周开“中”字沟，沟宽40厘米、沟深30厘米。插后2天内薄水护苗，之后露田与浅水灌溉交替，促进扎根与分蘖。移栽后40天左右约9叶龄期前期，开始排水搁田，搁田5天左右灌一次浅水后继续搁田。搁田先轻后重，搁田20天左右达到田面不陷脚，田面开裂，群体叶色褪淡落黄。然后复浅水，自然落干，干湿交替，以干为主，至拔节期田面可开细缝。倒4和倒3叶龄期按水层1~2天、落干2~4天交替灌溉，倒2叶龄期至齐穗后20天保持薄水层2~3天，无水层1天左

马铃薯出苗情况

上图左：机械培土
上图右：机械播种
下图：机械杀秧与收获

右。破口前3~4天宜排水搁田，以促使群体苗色落黄，提高结实率。灌浆20天后至成熟前1周保持薄水层2~3天，无水层2~3天，不要断水过早。

（6）综合防控。采用统防统治，结合施肥兼除杂草，重点抓好“五虫”（稻苞虫、螟虫、稻纵卷叶螟、稻飞虱、蚜虫）、“三病”（条纹叶枯病、纹枯病、稻曲病）的防治。播种前抓好浸种，防止恶苗病；移栽前3天内，亩用25%吡呀酮可湿性粉剂25克加48%毒死蜱乳油80毫升对水40千克喷雾防止灰飞虱、螟虫等。7月上旬亩用48%毒死蜱乳油80毫升或20%氯虫苯甲酰胺悬浮剂10毫升，加25%噻嗪酮可湿性粉剂50克对水40千克喷雾兼治白背飞虱。7月下旬亩用25%噻嗪酮可湿性粉剂50克加20%氯虫苯甲酰胺（康宽）悬浮剂10毫升加75%肟菌戊唑醇水分散粒剂10克对水40千克喷雾防治稻飞虱，兼治稻纵卷叶螟和纹枯病。8月中下旬前后抓好六代褐稻虱、六代稻纵卷叶螟、纹枯病和稻曲病的防治，亩用50%吡蚜酮水分散粒剂15克，加10%氟虫双酰胺·阿维菌素悬浮剂30毫升或20%氯虫苯甲酰胺悬浮剂10毫升，加30%苯甲·丙环唑乳油15毫升或75%肟菌·戊唑醇水分散粒剂15克，对水细喷雾。9月中旬继续防治稻飞虱、稻纵卷叶螟和纹枯病。9月底10月初继续防治褐稻虱，亩用25%吡蚜酮可湿性粉剂40克加48%毒死蜱乳油100毫升对水细喷雾。

（7）及时机收。11月中下旬叶色落黄、籽粒饱满时机械收获，大型烘干机烘干入库。

执笔：湖州市南浔区农技推广中心 姚学良
浙江省农业技术推广中心 吴早贵

鲜食蚕豆/春玉米-水稻一年三熟模式

基本概况

丽水是浙江省鲜食蚕豆主要产地。该地区因春季回温快，蚕豆上市早，价格高，效益明显。蚕豆不耐连作，特别是旱地连作，因此为解决因连续种植产生的连作障碍，当地探索推广了鲜食蚕豆/春玉米-水稻一年三熟模式。该模式较大幅度提高了农田复种指数，且多熟秸秆还田，实现土地用养结合，粮食亩产量达到2 300千克以上，亩产值超过10 000元，是一种粮食高产、经济高效和可持续发展的多熟制种植模式，在有效缓解连作障碍的同时，有利于保持粮食生产的稳定，在丽水莲都、松阳等地常年保持在1.5万亩左右。

产量效益

蚕豆和玉米都是鲜食旱粮，产量高，价格好，一般亩产蚕豆鲜荚770千克，玉米鲜穗1 000千克以上，净收入分别达3 200元和1 900元以上；水稻一般亩产650千克，产值2 000元，净利900元左右。

作物	产量(千克/亩)	产值(元/亩)	净利润(元/亩)
蚕豆鲜荚	775	4 650	3 250
玉米鲜棒	1 025	3 280	1 980
杂交水稻	650	2 080	880
合计		10 010	6 110

蚕豆长势

茬口安排

此模式季节衔接非常紧凑，关键在于玉米提前大棚育苗，实现早栽早收。蚕豆在10月下旬播种，4月中下旬分批采收；春玉米在2月下旬大棚育苗，3月下旬套栽在蚕豆行间，6月中旬采收；水稻于5月中下旬育秧，6月中下旬移栽，10月中旬收割。

作物	播植期	采收期
蚕豆	10月下旬	4月下旬
春玉米	2月下旬育苗,3月下旬移栽	6月中旬
杂交水稻	5月下旬育秧,6月中下旬移栽	10月中旬

本页图：甜玉米提前套栽于蚕豆行间

水稻田长势

关键技术

一、蚕豆栽培要点

选用“慈蚕一号”品种，于10月下旬至11月上旬播种。按畦宽1.1~1.2米，沟宽30厘米，每畦播二行，株距30~35厘米，每亩2 000株左右。蚕豆出苗后亩施15:15:15复合肥20~25千克，有机肥500千克，6~7叶期亩施15:15:15复合肥30~40千克。蚕豆花前、花后叶面喷施硼、钼肥和磷酸二氢钾2~3次。及时摘心、打顶、抹芽，苗期摘心培育健壮分枝，初荚期适时打顶，保留植株50厘米左右，促进大荚早熟，也便于玉米提前移栽套种。注意防范根腐病、赤斑病、锈病和潜叶蝇、蚜虫等病虫害。

二、春玉米栽培要点

选用“鲜甜5号”甜玉米为主栽品种，2月下旬在大棚内播种育苗，采用营养钵培育壮苗，3月下旬选择晴好天气移栽。在蚕豆畦两边各栽种一行玉米，株距35~40厘米，栽植密度每亩2 600株左右。玉米移栽成活后亩施15:15:15复合肥10~15千克，有机肥300千克。蚕豆收获后将蚕豆秸秆放置玉米基部，每亩追施15:15:15复合肥20千克，并进行培土防倒。大喇叭口期每亩追施15:15:15复合肥30千克或尿素15千克、钾肥10千克。做好玉米大小斑病、纹枯病、锈病和玉米螟、蚜虫及地下害虫蝼蛄等病虫害的防治。

三、水稻栽培要点

选用优质高产的“中浙优8号”“甬优15”等良种。5月底左右播种，适时早栽，秧龄一般在25~30天，少本稀植，移栽密度为25厘米×27厘米，每亩1万丛左右。在鲜玉米秸秆还田的基础上，基面肥亩施尿素5~8千克、磷肥30千克，移栽后7天左右结合化学除草亩施尿素10千克、氯化钾10千克。做好病、虫、草害综合防治。

执笔：莲都区农业局粮油站　雷军成

浙江省农业技术推广中心　怀　燕

鲜食春大豆—水稻—兰溪小萝卜生态高效种植模式

基本概况

兰溪市位于浙江省中西部，温光资源丰富，适宜于多种农作物生长，兰溪小萝卜是当地的特色品种，用于加工咸水萝卜，一般在水稻收获后秋冬季栽培。“单季稻—兰溪小萝卜”是当地传统种植模式，近些年由于鲜食春大豆品质好、收获上市早、效益好，得到了较稳定的发展。为充分利用温光资源，提高全年生产效益，近年来在“水稻—兰溪小萝卜”基础上增加一季鲜食春大豆，形成了“鲜食春大豆—水稻—兰溪小萝卜”生态高效种植模式，主要分布在兰溪市云山街道、香溪镇一带，应用面积3 000余亩。

该模式粮蔬搭配，一年三熟，土地利用率高，温光资源得到充分利用，显著提高了农田综合生产效益，同时通过种植一季水稻，实行水旱轮作，减轻了病虫害的发生，既有利于各季作物高产高效，确保农产品质量安全，又利于后作兰溪小萝卜应用稻田免耕栽培技术，改善兰溪小萝卜的品质，发展前景广阔。

产量效益

据调查，鲜食春大豆一般亩产鲜荚550千克，产值4 000元，扣除生产成本，净利3 000元；单季稻亩产550千克，产值1 500元，净利300元；兰溪小萝卜亩产1 250千克，产值3 000元，净利2 500元，全年三季亩产值8 500元，净利5 800元，高产田块产值可达万元以上。

作物	产量(千克/亩)	产值(元/亩)	净利润(元/亩)
鲜食大豆	550	4 000	3 000
水稻	550	1 500	300
兰溪小萝卜	1 250	3 000	2 500
合计		8 500	5 800

大豆鲜荚

本页图：大豆、水稻、小萝卜长势

茬口安排

鲜食春大豆采用地膜加小拱棚直播栽培的在2月中下旬播种，5月中下旬收获；采用地膜覆盖栽培的，在3月初播种，5月底6月初收获。水稻根据前作收获期4月下旬到5月初适期播种，春大豆收获后及时移栽，9月中下旬收获。兰溪小萝卜在水稻收获后及时播种，播种35~40天后开始分批收获。

作物	播栽期	收获期
鲜食大豆	2月中下旬至3月初	5月中下旬到6月初
水稻	4月下旬至5月初育秧,5月中下旬到6月初移栽	9月中下旬
兰溪小萝卜	9月下旬到10月上旬	11月中旬后分批收获

关键技术

一、鲜食春大豆

（1）选用良种。选用“沪宁95-1”“春丰早”“引豆9701”以及“浙鲜9号”等优质高产的鲜食春大豆品种，以提高品质和产量。一般每亩需准备种子6~7.5千克，在播种前一周晒种1~2天，可提高种子出苗率。

(2) 适时播种。根据不同栽培方式适期播种，播种时在上年的小萝卜畦上开播种沟，种子播在播种沟内，畦宽 1.5 米，每畦播 4 行，株距 18~20 厘米，亩播 8 000~10 000 穴，每穴 2~3 粒。播种并施肥后覆土，注意覆土不宜过厚，以免影响出苗。同时在田角播种部分备用苗。

(3) 施足基肥。播种后施肥，将肥料撮施在种子之间，避免种子与肥料直接接触，以防烧种，影响出苗。中等肥力田块亩施硫酸钾型复合肥（N、P_2O_5、K_2O 含量各 15%）17.5~20 千克。

(4) 覆盖地膜。播种覆土并施用除草剂后及时覆盖地膜，采用双膜覆盖的再搭架覆盖小棚膜。覆膜后清沟，将沟土压在膜四周，以防风吹掀膜，影响保温效果。

(5) 破膜放苗。出苗后视天气情况及时破膜放苗，以防遇高温伤苗，避免在冷空气即将来临前破膜放苗，防止出现冻害。双膜覆盖的遇晴日高温要及时揭膜通风，始花期开始通风炼苗，不可在中午高温时段揭膜。

(6) 适时追肥。苗肥视长势分 2 次进行，一般每次亩施尿素 2.5 千克左右，对水浇施，土壤肥力较好的，苗肥可不施或减少施用量。花荚肥在开花初期施用，亩用尿素 5 千克左右。另外，适当增施硼肥和钼肥可提高春大豆的产量及品质，可结合苗肥施用，也可叶面追施。

(7) 加强田间管理。一是破膜后及时查苗补缺；二是做好清沟排水，以防渍害；三是如土壤过干，可适当灌水，以灌半沟水为宜。

(8) 及时采收。鲜豆豆荚饱满时及时分批收获。

二、水稻

(1) 选用良种。选用生育期适中，产量高，品质优的杂交晚稻组合，如“中浙优 8 号”“丰两优香 1 号”等。

(2) 适时播种。4 月下旬到 5 月上旬适期播种，采用旱育秧技术培育壮秧，或采用机插育秧。

(3) 适期移栽。春大豆收获后及时移栽。

(4) 肥水管理。一般亩施水稻专用复合肥 40 千克作基肥，移栽后 7~10 天追施尿素 10 千克、氯化钾 7.5 千克，结合追肥施用除草剂，后期施好穗粒肥，亩施尿素 2.5 千克。干湿交替为主做好水浆管理，浅水促蘖，间歇灌溉，后期防止断水过早。

(5) 病虫草防治。做好杂草及螟虫、纹枯病、细菌性病害等病虫害的防治，根据病虫情报及时对症下药。

三、兰溪小萝卜

(1) 种子准备。采用兰溪小萝卜地方品种“枇杷叶”，要求选用经选株繁殖的优质种子，每亩大田准备种子 2~2.5 千克。

(2) 播前准备。播种前 7~10 天用草甘膦进行除草，如田土过干，可先灌水湿润土壤，等田土充分湿润后播种。

(3) 科学施肥。根据播种田块土壤肥力，亩用硫酸钾型复合肥（N、P_2O_5、K_2O 含量各 15%）15~20 千克，硼砂 1 千克，全田撒施。

(4) 适时播种。水稻收获后及时播种，按田块面积准备好种子，均匀播种；最好先划好畦，定畦定量播种，以确保播种均匀一致。播种后采用机械开沟，人工开沟要求覆土均匀，土要敲细。

(5) 化学除草。播种覆土后亩用 50%乙草胺 100 毫升或 90%禾耐斯 60 毫升对水 40 千克进行化学除草，要求均匀细喷雾。

(6) 稻草覆盖。畦面用稻草进行覆盖，一般覆盖稻草厚度在 3~5 厘米。

(7) 田间管理。主要做好水分管理，田土过干，可灌跑马水，以灌半沟水，让其自然湿润为宜，不要大水漫灌。同时如遇长期阴雨，要做好开沟排水工作，以防田间积水。

(8) 病虫害防治。主要做好蚜虫、斜纹夜蛾、菜青虫的防治工作，采用低毒高效农药，不可使用高毒高残留农药，确保产品无公害。

(9) 采收。视生长情况适期采收，按照企业加工标准，以肉质根单根重 25~30 克为宜，及时分期分批采收。

执笔：兰溪市农作物技术推广站　吴美娟　黄洪明

春马铃薯—籽莲—兰溪小萝卜生态高效种植模式

基本概况

籽莲是近年来发展起来的特色农作物，主要采收鲜食莲蓬或收获莲籽，发展较快。籽莲种植一季，就可利用地下茎在第二年重新萌发生长，不需要每年播种，可以节省很多人工和物化成本。为提高农田全年生产效益，2012 年兰溪市将马铃薯、籽莲、兰满小萝卜等三种当地特色优势农作物结合起来，研究形成了“春马铃薯—籽莲—兰溪小萝卜”一年三熟高效生态种植模式。该模式季节安排紧凑，温光及耕地资源利用率高；水旱轮作，有利于减轻病虫害的发生，提高农作物产量；马铃薯、小萝卜和籽莲茎叶全量还田，有利于培肥地力；马铃薯、小萝卜采用免耕栽培，省工节本，具有生态、高效等诸多优点，一经推出，应用面积迅速扩大。

产量效益

据调查，一般年份春马铃薯亩产 1 500 千克，产值 4 000 元，扣除生产成本，净利 3 000 元；籽莲以收获鲜食莲蓬为主，亩产莲蓬 5 000~6 000 个，或收获黄籽（带壳鲜籽）450 千克，产值 5 500 元，净利 4 000 元左右；兰溪小萝卜亩产 1 250 千克，产值 3 000 元，净利 2 500 元。全年三季亩产值达 12 500 元，净利在 9 500 元左右。

作物	产量(千克/亩)	产值(元/亩)	净利润(元/亩)
春马铃薯	1 500	4 000	3 000
籽莲	莲蓬 5 500 个;或带壳鲜籽 450 千克	5 500	4 000
兰溪小萝卜	1 250	3 000	2 500
合计		12 500	9 500

籽莲种植与马铃薯长势

上图左：马铃薯播种
下图左：兰溪小萝卜长势

上图右：马铃薯覆盖地膜
下图右：马铃薯收获

茬口安排

春马铃薯在上年12月中下旬播种，采用免耕稻草覆盖技术，1月下旬覆盖地膜，2月下旬破膜放苗，4月中下旬视市场行情适期收获。籽莲第一年种植在4月下旬播种，之后利用上年地下茎萌发。6月底开始采收鲜食莲蓬，9月中下旬采收结束。兰溪小萝卜在9月下旬10月初播种，采用免耕撒直播稻草覆盖栽培，播后35天左右开始分批采收。

作物	播栽期	收获期
春马铃薯	12月中下旬	4月中下旬
水稻	4月下旬(第一次种植)，以后自然萌发(5月初)	6月底至9月中下旬
兰溪小萝卜	9月下旬到10月上旬	11月中旬后分批收获

关键技术

一、春马铃薯

(1) 品种选用。采用脱毒种薯，品种以早熟优质品种“东农303”“中薯3号”为宜，每亩备足种薯150~175千克。

(2) 适期播种。利用前作的兰溪小萝卜畦免耕栽培，12月中下旬适期播种。

(3) 适当密植。播种时在畦面开播种沟，畦宽 1.5 米，每畦播种 4 行，亩栽 7 000 穴左右，播种前将种薯切成每块带 2~3 个芽眼的薯块，每穴播一块种薯。播后将稻草盖在种薯上，再清沟覆土。

(4) 科学施肥。在亩施农家肥 1 500 千克的基础上，施硫酸钾型复合肥（N、P_2O_5、K_2O 含量各 15%）75 千克，不施农家肥的田块亩施复合肥 100 千克，在播种时一次性施下，施用时避免与种薯接触。覆盖地膜前亩用尿素 10 千克，直接撒施于畦面。

(5) 覆盖地膜。1 月中下旬覆盖地膜，2 月下旬出苗后视天气状况及时破膜放苗。覆盖地膜前喷施丁草胺等除草剂防除杂草。

(6) 适期收获。4 月中下旬马铃薯具有一定产量，且市场价格较高时及时收获，以取得较好效益。

二、籽莲

(1) 选用良种。选择产量高、品质好、抗病性强、适应性广的籽莲品种，以“建选 35”“十里荷 1 号”为主，亩用种藕 250 千克左右。

(2) 适期栽种。马铃薯收获后茎叶还田，田块深翻 20~40 厘米，翻耕后耙平，灌水 3~10 厘米。栽植密度以 1.5 米×2.0 米，亩栽种 200 穴左右，每穴栽种藕 1 株；以后可利用上年的地下茎萌发，不用每年栽种。出苗后根据出苗情况及时查苗补缺，确保亩留苗 200 株左右。

(3) 科学施肥。基肥以有机肥为主，亩用量 1 000 千克左右，翻耕前施用并深翻入土。苗肥在 30%~50%植株长出第 1 片立叶时，亩施硫酸钾复合肥（N、P_2O_5、K_2O 含量各 15%）15 千克；植株长出第 3 片立叶后，分 5~6 次施用花果肥，每次间隔 10~15 天，每次施硫酸钾复合肥 20~30 千克，尿素 10~15 千克。另外每亩施硼砂 0.5 千克，结合花果肥分 1~2 次施入。施肥时莲田水深 3~5 厘米为宜。

(4) 水浆管理。苗期水温较低，田间保持浅水 5~10 厘米。当气温达 30℃以上时，水位提高到 10~20 厘米。莲田排灌沟渠分开，以免传播病虫。稻、莲混栽区，要防止施用过除草剂的稻田水流入莲田。

(5) 病虫害防治。加强田间检查，发病初期及时拔除病株，并带出田外集中销毁。及时采用诱杀和化学防治等措施做好蚜虫、斜纹夜蛾、甜菜夜蛾等虫害的防治。

(6) 适期采收。当花托明显膨大且边缘稍有皱缩，莲子呈淡绿色，饱满充盈，种子内含有较多的水分，此时为鲜食莲蓬采摘适期。一般 6 月底开始收获，至 9 月中下旬结束。

三、兰溪小萝卜

(1) 适期播种。选用兰溪地方品种“枇杷叶”，采用免耕撒直播栽培技术，籽莲收获后即在 9 月下旬至 10 月初适期播种，亩用种 2~2.5 千克，播种后采用机械开沟，畦宽 1.5 米左右。

（2）科学施肥。一般亩施硫酸钾复合肥（N、P_2O_5、K_2O 含量各 15%）15~20 千克作基肥，并亩用硼砂 0.5 千克播种前全田撒施；开始采收后，每采收 1~2 次，亩用 2 千克尿素对水浇施或在雨天撒施。

（3）病虫害防治。播种开沟后用丁草胺等进行化学除草，并做好地下害虫、蚜虫、菜青虫的防治工作。

（4）稻草覆盖。采用稻草覆盖有利于改善小萝卜肉质根的品质，提高产量，一般在播种并喷施除草剂后覆盖稻草，厚度掌握在 3 厘米左右。

（5）分批采收。视生长情况适期采收，按照企业加工标准，以肉质根单根重 25~30 克为宜，及时分期分批采收。

执笔：兰溪市农作物技术推广站　黄洪明　吴美娟

浙江省农业技术推广中心　田漫红

第三篇（共10例）

旱地多熟

新型农作制度50例

蚕豆/春玉米—夏玉米—秋马铃薯一年四熟种植模式

基本概况

松阳地处浙南山区，松古平原是粮食传统产区，光温资源好，春季回温快，适合多熟制农作模式发展。为进一步提高耕地复种指数和生产效益，近年来开展了经济高效、粮食高产和可持续发展的多熟制农田耕作制度创新，研究推广了蚕豆/春玉米-夏玉米-秋马铃薯一年四熟种植模式，实现一年四种四收，全年亩产粮食超4吨，产值超万元。该模式农田复种指数高达400%，超过全省平均数的一倍，且四熟全是粮经兼用作物，对稳定粮食生产、促进农民增收具有十分重要意义。同时，多季作物秸秆还田，可改良土壤，达到土地用养结合，经济、社会和生态效益明显，年推广面积1 000余亩。

产量效益

根据2015—2016年调查统计，蚕豆平均亩产750千克，春玉米1 130千克，夏玉米1 080千克，秋马铃薯1 265千克，合计年亩产值10 840元，净利润8 340元，实现亩产4吨粮，亩收万元钱。与原有蚕豆—夏玉米—秋马铃薯模式相比亩增效1 893元，增幅21.2%。

作物	产量(千克/亩)	产值(元/亩)	净利润(元/亩)
蚕豆	750	3 240	2 520
春玉米	1 130	2 940	2 360
夏玉米	1 080	2 160	1 580
秋马铃薯	1 265	2 500	1 880
合计	4 225	10 840	8 340

蚕豆地套种春玉米

本页图：蚕豆、玉米、马铃薯鲜食效益高

茬口安排

此模式茬口衔接非常紧凑，蚕豆在10月下旬播种，4月中下旬收获；春玉米在2月下旬育苗，3月中下旬套栽于蚕豆畦两侧，6月中旬收获；夏玉米于春玉米收获前5天左右播种，苗龄一周左右移栽于春玉米两株之间，9月上旬收获；秋马铃薯在9月上旬播种，特殊年份如夏玉米还未采收，则与夏玉米有一周左右的套种期，11月下旬收获。如第二年继续采用此模式，则在10月下旬将蚕豆套种于秋马铃薯行间。

作物	播栽期	收获期
蚕豆	10月下旬直播	4月下旬
春玉米	2月下旬育苗,3月下旬移栽	6月中旬
夏玉米	6月中旬前作收获前5天育苗,一周后移栽	9月上旬
秋马铃薯	9月上旬	11月下旬

关键技术

一、蚕豆栽培技术

(1) 选用良种。首选“慈蚕1号”。据试验，“慈蚕1号”产量与“日本大白蚕”差异不大，但其荚型较大，三粒以上荚比例达41.1%，比“日本大白蚕”高4.9个百分点，而且品质优、商品性好、市场畅销。

（2）适时早播。蚕豆适时早播，是充分利用冬前温暖气候促进分枝早发，建立高产群体的关键。适宜播种期为10月下旬至11月上旬。翻耕后按畦连沟宽1.5米开沟作畦，畦面宽1.2米。在畦中间播种一行蚕豆，株距30厘米，每亩1 400株左右，每穴播1粒种子。出苗后及时进行查苗补缺。

（3）合理施肥。出苗后每亩施15:15:15复合肥20~25千克，有机肥500千克；6~7叶期亩施复合肥30~40千克，促使幼苗早发，健壮生长。现蕾和初花期酌情施肥，一般亩施复合肥30千克或尿素8~10千克。蚕豆打顶摘心后，亩施尿素10~15千克。同时，结合防病治虫在蚕豆花前、花后叶面喷施硼、钼肥和磷酸二氢钾2~3次。

（4）摘心抹芽。第一次摘心在4~5叶期，摘除主茎生长点。在2月中下旬每株选留8~9个健壮分枝，剪除弱小分枝，然后在蚕豆植株基部喷施"抑牙剂"，控制无效分枝的发生。第二次摘心在3月中下旬蚕豆初荚期进行，每个分枝留6~7个花节，摘除分枝顶端。摘除顶尖控制植株高度，利于田间通风透光，促进蚕豆早熟，同时，也为后茬玉米套种提供适宜的空间环境。

（5）病虫防治。蚕豆的主要病虫害有根腐病、赤斑病、锈病和潜叶蝇、蚜虫等。土壤湿度大、植株群体间通透性差，是诱发病害的主要原因。因此，除了开沟排水、降低田间湿度、改善通气条件等农业措施以外，还应在翌年3月中下旬至4月上旬及时进行病虫害检查，一旦发现上述病虫害，及时选用对口农药进行防治，连喷2~3次，控制病虫害蔓延。

二、春玉米栽培技术

（1）品种选择。根据近年来市场销售情况，结合生产实践，鲜食春玉米宜选用苗期抗寒性较强、品质优、产量高的甜玉米"华珍"或"先甜5号"。

（2）播种育苗。选择背风向阳，土质疏松，肥力较好的田块，按每亩大田15平方米做好苗床待播。每15平方米苗床施腐熟有机肥10千克加复合肥0.6千克。在2月中下旬播种，播种后加盖地膜和小弓棚保温。出苗后注意天气变化，及时做好炼苗、防冻、防烧苗等工作，在3月中旬气温稳定时揭膜。

（3）适时移植。春玉米3月中、下旬移植，在畦两边各栽种一行玉米，株距35厘米，亩栽2 500株左右。

（4）及时追肥。玉米是需钾量较大的作物，在施肥种类上要增施钾肥。一般在玉米移栽成活后亩施N、P_2O_5、K_2O（15:15:15）复合肥10~15千克、有机肥500千克。蚕豆收获后将蚕豆秸秆放置于玉米基部，追施高氮高钾复合肥20千克/亩，并进行培土。大喇叭口期每亩追施高氮高钾复合肥30千克或尿素15千克、钾肥10千克，齐穗后看苗补施尿素10~15千克。

（5）防治病虫。玉米病虫害主要是大小斑病、纹枯病、锈病和玉米螟、蚜虫及地下害虫蝼蛄等。根据病虫发生情况及时选用对口农药进行防治，收获前20天停止用药。

三、夏玉米栽培技术

(1) 整理前茬。在春玉米收获后及时将前茬玉米秸秆砍下摆放在畦中间，施入尿素和氯化钾各 15 千克作基肥，然后在畦两边挖出移栽沟，将基肥及玉米秸秆埋入土中封严。也可以将玉米秸秆通过加工，用作奶牛饲料。

(2) 短龄移栽。夏玉米一般选用甜玉米“先甜 5 号”等高产优质品种，在春玉米收获前 5 天播种，苗龄 7 天左右移栽。栽植密度要比春玉米略密，株距 30 厘米，亩栽 3 000 株左右。移栽时要及时浇活棵水。

(3) 预防干旱。夏玉米栽培主要在高温季节 ，玉米水分蒸发量较大，要防止干旱缺水，如遇干旱要及时灌跑马水抗旱。

(4) 灵活施肥。夏玉米生长期间温度高，玉米生长进程较快，总施肥量一般可比春玉米减少 10%左右，玉米移栽成活后亩施复合肥 20 千克促苗，中期看苗促平衡，大喇叭口期每亩追施高氮高钾复合肥 30 千克，抽穗后看苗补施尿素 10~15 千克。

(5) 防治病虫。夏玉米生长期间温度高，病虫发生频率加快，要根据病虫发生情况及时做好防治工作，特别要关注农药残留期。

四、秋马铃薯栽培技术

(1) 整理前茬。随着气温的下降，夏玉米秸秆腐烂变慢，以通过加工，用作奶牛饲料为宜。如季节时间有余，也可将玉米秸秆通过翻耕埋入沟中作基肥。

(2) 适时播种。选用早熟高产、黄皮黄心的“中薯 3 号”“中薯 5 号”等品种。秋马铃薯播种期间没有合适的北繁种，且温度较高，不提倡切块播种，因此主要以春季留下来的 30 克左右的小整薯作为种薯。秋马铃薯生育期短，播种后 70 天左右即可收获，一般在 9 月上旬播种为宜。在畦两边深开播种沟，按株距 25~30 厘米在播种沟中摆放种薯，每亩播种不少于 3 000 株。在每株间亩施高氮高钾复合肥 25~30 千克，用 300~500 千克泥灰或腐熟有机肥盖种。

(3) 清沟培土。秋马铃薯出苗后结合清沟，用沟中淤积的泥土进行培土，防止后期薯块露青。结合培土亩施高氮高钾复合肥 25~30 千克。10 月下旬在畦中间套播蚕豆进行下一轮循环，蚕豆出苗后，将马铃薯茎叶翻向靠沟一边，以利蚕豆生长。

(4) 防治病虫。秋马铃薯病害主要有青枯病、晚疫病等。当田间出现零星发病时，及时拔除病株减少再次侵染，并喷施甲霜灵锰锌等药剂进行防治。

(5) 适时收获。在 11 月下旬马铃薯植株褪色转黄时，即可根据市场行情逐步收获上市。

执笔：松阳县农业局种植业管理站 周炎生

迷你番薯—长梗白菜多熟种植模式

基本概况

浙江省气候温润，山地资源丰富，适合旱粮生产。尤其是迷你番薯，凭借着优异的品质、品相与极佳的口感，深受消费者青睐，成为一些地方的特色农产品，是农民收入主要来源之一。如临安市2016年迷你番薯面积达到1.6万亩，实现产值1.2亿元以上。

迷你番薯结薯早、膨大快、生育期短，可以实现一年种植两季，特别是第二季栽培实行就地剪苗扦插或套插，省工节本，优势明显。近年来，各地根据迷你番薯的生育期特点，研究推广了“迷你番薯—迷你番薯—蔬菜”多熟制种植模式，取得了明显成效。该模式在迷你番薯双季栽培技术的基础上，充分利用冬闲季节种植长梗白菜、萝卜、大蒜、甘蓝等冬季蔬菜，根据作物生长季节不同，合理安排茬口，提高土地利用率和产出率，增加了农民种植效益，全省年推广面积3 000余亩。

产量效益

以“迷你番薯—迷你番薯—长梗白菜”为例，据调查，第一季迷你番薯亩产663千克，产值5 171元，净利3 551元；第二季迷你番薯亩产780千克，产值4 056元，净利3 016元；长梗白菜亩产3 800千克，产值5 244元，净利3 944元，全年亩产值达14 471元，亩效益10 511元。长梗白菜如腌制后上市，经济收益更佳。

作物	产量(千克/亩)	产值(元/亩)	效益(元/亩)
第一季迷你番薯	663	5 171	3 551
第二季迷你番薯	780	4 056	3 016
长梗白菜	3 800	5 244	3 944
合计		14 471	10 511

高垄栽培，薯形美观

迷你番薯第一季 2 月下旬育苗、4 月移栽、覆膜、6-7 月收获后扦插第二季

茬口安排

由于长梗白菜种植时间较早，因此第一季迷你番薯在 2 月中下旬开始育苗，4 月初移栽，6 月下旬到 7 月上旬采收，第二季在第一季收获后立即扦插，在 10 月初之前收获。亦可在第一季番薯采收前，在畦边套种薯苗，待第一季番薯采收时，把挖掘的泥土覆在薯苗旁即可成畦为第二季番薯。长梗白菜 9 月上旬播种育苗，10 月上中旬移栽，11 月下旬霜冻来临前收获。如果后季蔬菜不赶季节，则第二季迷你番薯最迟可在 8 月中旬扦插，11 月中下旬收获。萝卜、大蒜、甘蓝、莴苣等蔬菜在次年 4 月前收获就行。

作物	扦插(定植)期	采收期
第一季迷你番薯	4 月初	6 月下旬至 8 月中旬
第二季迷你番薯	6 月下旬至 7 月上旬	10 月上旬之前
长梗白菜	10 月上旬	11 月下旬

关键技术

一、迷你番薯栽培技术

(1) 品种选择。选用品质好、结薯早、产量高的迷你番薯专用品种，以“心香”“浙薯6025”等为好。

(2) 精心育苗。选择避风向阳、土质疏松肥沃、管理方便的地块作育苗田。按畦宽150厘米，畦高16~25厘米，用腐熟栏肥做基肥（发热有机肥），平整床面，四周开好排水沟。选择无病虫害、无机械损伤、重量150~300克薯块作为种薯，排种前用80%“402”2 000倍液浸种5分钟。排种时要求薯块斜放，头尾方向一致，顶部向上，尾部向下，相邻薯块间隔3~5厘米，排好后浇稀粪水再覆土3厘米，然后搭棚盖膜(气温低可采用大小棚加地膜方式保温)。

出苗前保持床土湿润，床温28~30℃；出苗后控制床温在25℃左右。如膜内温度超过35℃，要通风散热。种薯萌发后浇施人粪尿；苗高10~13厘米时用人粪尿或复合肥加水第二次浇施；苗长15厘米以上，有5~7张大叶时，可以剪苗扦插。每剪一次苗，浇水施肥一次。

(3) 大田整地。在晴天进行深耕整地。采用宽垄双行或窄垄单行栽培，宽垄距110~120厘米，窄垄距80厘米，垄高20~25厘米然后做直、做平垄面。

(4) 适时扦插。4月上旬扦插，地膜覆盖的可适期提前。采用浅平插法，宽垄双行株距25~30厘米，每亩扦插4 500株左右，窄垄单行每亩扦插3 000~3 500株。扦插成活后立即进行查苗补苗。

(5) 中耕除草。第一次中耕除草在薯苗开始延藤时进行，以后每隔10~15天进行1次，共2~3次。在生长中后期选晴天露水干后进行提蔓，其次数和间隔时间以防止不定根的发生为准。

(6) 科学施肥。施肥总体要求：多施有机肥，增施钾肥，少施化肥，以确保其品质和口味。基肥每亩用腐熟有机肥1 000千克，结合作垄时条施于垄心。追肥要根据土壤、基肥用量及茎叶长势，分别在苗期、茎叶旺长期、薯块膨大期用尿素加钾肥施用。一般在扦插后15~20天亩施硫酸钾型复合肥30~40千克；扦插后30天亩施灰肥10~15千克。

(7) 防治病虫。提倡以加强田间管理，如中耕除草、开沟排水、灌水抗旱、合理密植、提蔓等措施来控制病虫害的发生，不用或者控制使用化学药剂。在地下害虫较多的田块，扦插前用50%辛硫磷1 000倍液喷施或用3%~5%辛硫磷颗粒剂2~3千克，拌细土15~20千克，于起垄时撒入垄心或栽种时施入窝中。

(8) 及时收获。收获时间要根据茬口安排，结合市场需求来确定，一般扦插后80~90天即可收获，不要超过120天。收获时要轻挖、轻装、轻运、轻卸，防止薯皮破损

本页图：冬作蔬菜

和薯块碰伤。第一季收获后立即扦插第二季，田间管理同第一季。

二、长梗白菜栽培技术

(1) 品种选择。传统长梗白菜有“荷叶白”和“调羹白”，其商品性、抗病性、丰产性和食用品质等综合性状表现突出，市场行情好。

(2) 培育壮苗。作冬腌菜的长梗白菜宜在9月上旬播种，选择前茬为非十字花科蔬菜的田块育苗，整地翻耕后晒垡1周，亩施腐熟有机肥3 000千克。适当均匀稀播，亩用种量100克，播后保持土壤湿润。

(3) 适时定植。播后25天左右，在阴天或晴天下午3时以后移栽定植，每亩种5 000株左右。定植后浇施清粪水点根，以后每隔3~4天浇施一次，稀人粪尿，共2~3次，促进缓苗；栽后15~20天追施人粪尿3 000千克；栽后30天左右再追施腐熟人粪尿或尿素10~15千克；采收前15~20天停止施肥。

(4) 中耕除草。每次施肥前疏松表土，以免肥水流失，并铲除杂草，植株封行后停止中耕。植株迅速生长期如遇干旱进行沟内灌水。

(5) 防治病虫。长梗白菜病害较少，虫害主要有小菜蛾、菜青虫、蚜虫、蜗牛等。小菜蛾及菜青虫可用15%安打悬浮剂3 500倍液防治，蚜虫可用一遍净（10%吡虫啉可湿性粉剂2 000倍液）防治，蜗牛可用6%四聚乙醛颗粒剂防治，一般在傍晚用药。另外要做好黄条跳甲和猿叶虫的防治工作。

(6) 及时采收。制作冬腌菜的长梗白菜宜在初霜后采收，经霜打后的白菜腌制成冬腌菜口感最佳，但长梗白菜不耐寒，因此应在霜冻前采收完毕，一般在11月中下旬前完成。

执笔：临安市农林技术推广中心　鲁燕君　毛伟强
浙江省农业技术推广中心　张育青

浙贝母—番薯轮作模式

基本概况

浙贝母是浙江道地药材“浙八味”之一，具有清热化痰，散结解毒等功效，市场价格高，种植效益好。番薯是浙江传统粮食作物，近年来随着迷你番薯和番薯加工产品如薯条、粉丝等的畅销，种植效益也大幅提高。浙贝母与番薯轮作，粮经结合，季节衔接紧凑，经济效益好，有利于培育地方特色产业，实现稳粮高效和农民增收。磐安、东阳、淳安等浙贝母主产地已经形成了较大规模，药材和番薯鲜销、加工业已成为当地农业主导产业之一。

产量效益

以 2016 年数据为例，亩产浙贝母干品 250 千克，按市价 105 元/千克计，产值 26 250 元，除去成本，净利润达 10 250 元（浙贝母价格年度间波动较大）。番薯亩产鲜薯 2 500 元，产值 3 750 元，净利润 2 530 元。两项合计每亩年产值 30 000 元，净利 12 780 元。

作物	产量(千克/亩)	产值(元/亩)	净利润(元/亩)
浙贝母	250(干)	26 250	10 250
番薯	2 500	3 750	2 530
合计		30 000	12 780

浙贝母和采挖贝母

番薯基地与薯条

茬口安排

浙贝母于10月种植，次年5月上旬收获。番薯采用单层小拱棚或单层地膜覆盖育苗方式，在3月中、下旬开始育苗，5月中旬至6月中旬移栽，10月份采挖，采挖后用于制作番薯干。

作物	播植(移栽)期	采收期
浙贝母	10月	5月上旬
番薯	5月中旬至6月中旬	10月

关键技术

一、浙贝母栽培技术要点

品种：推广应用“浙贝1号”。

(1) 播种。翻耕后，整成1米或1.2米的畦面，每亩用种250千克，播前用多菌灵拌浙贝母种子，每100千克种子用多菌灵300克。播好后盖土，土层厚度3~5厘米。

(2) 栽培管理。一般浙贝母下种后45~55天，杂草基本长齐，浙贝母芽苗尚未出土，所以这时开始除草是最好时机，可采用化学除草剂除草。

(3) 肥水管理。除草后4~6天施肥，亩施过磷酸钙17.5千克和磷酸氢胺17.5千克，肥料混合后撒施于浙贝母畦面上。1月下旬，浙贝母出苗率大概达到30%，可施一次出苗肥，每亩施用复合肥2.5千克，撒施于畦面上。2月初，浙贝母出苗整齐，施一次壮苗肥，亩施尿素2.5千克，选择在晴天中午撒施，也可以用50千克水加尿素0.2千克稀释后浇灌。5月浙贝母成熟可采收。

(4) 病虫防治。病害主要防治灰霉病、黑斑病、炭疽病、干腐病和软腐病、病毒病等，虫害主要防治锯角豆芫菁等。

二、番薯栽培技术要点

品种：本地农家晒番薯干用品种“老南瓜”“苏薯8号”，也可选用“浙薯13”等。

（1）育苗。选择通风向阳、肥力好、管理方便的地块做苗床。亩用1 000千克有机肥做基肥，畦宽150厘米、高16~25厘米，四周开好排水沟。采用小拱棚加地膜二层覆盖育苗方式的，在3月上旬开始育苗；采用单层小拱棚或单层地膜覆盖育苗方式的，在3月中、下旬开始育苗。排种密度为各薯块间隔3~5厘米；大田用种量15千克/亩。排好后浇稀粪水再覆土3厘米，然后搭棚盖膜。

（2）整地扦插。在晴天深耕整地。采用宽垄双行或窄垄单行栽培，宽垄距110~120厘米，窄垄距75~80厘米，垄高20~25厘米。作垄时，将腐熟有机肥1 000千克/亩条施于垄心，然后做直、做平垄面。当苗长15厘米以上、5~7张大叶时，选阴雨天或晴天傍晚剪取壮苗扦插，宽垄双行种植规格为（110厘米×35厘米）~（120厘米×30厘米），窄垄单行种植规格为（70厘米×30厘米）~（75厘米×25厘米），扦插密度为3 000~3 500株/亩。提倡采用浅平插或斜插，天气干燥应浇水活苗。

（3）肥水管理。第一次中耕除草在薯苗开始延藤时进行，以后每隔10~15天进行一次，共2~3次。扦插后15~20天施硫酸钾型复合肥30~40千克/亩结合中耕除草穴施；扦插后30天撒施灰肥10~15千克/亩。提蔓在生长中后期选晴天露水干后进行，次数和间隔时间以防止不定根的发生为准。

（4）病虫害防治。预防为主、综合防治，做好甘薯黑斑病、紫纹羽病、甘薯病毒病、斜纹夜蛾、甘薯叶甲等的防治工作。

执笔：淳安县农业技术推广中心　张　薇
浙江省农业技术推广中心　怀　燕

浙贝母/春玉米/秋大豆旱地新三熟种植模式

基本概况

东阳、磐安等地是浙贝母主产地，原先习惯选用中药材-大豆、中药材-蔬菜等旱地两熟耕作模式，为进一步提升农业生产综合效益、增加农民收益，近年来探索了旱地新三熟种植模式，走出一条适合本地区的高效种植业发展新路子。浙贝母/春玉米/秋大豆旱地新三熟种植技术是根据浙贝母种植季节时空差异及栽培的要求，从当地实际出发，创新种植模式，通过科学接茬、引进良种、适时播种、合理配置，达到旱地一年三熟，提高土地利用率和产出率。该种植模式主要分布在东阳、磐安、缙云等浙贝母种植区，年应用面积 1 500 亩左右，亩产值 2.5 万余元，亩纯收入 1 万元以上。

产量效益

鲜贝母亩产 800~900 千克，商品贝干产 250 千克，产值 26 250 元，亩用种量 200~300 千克，生产成本 16 000 元，净利润 10 250 元。春玉米亩产 320 千克，产值 890 元，生产成本 340 元，净利润 550 元。大豆亩产 150 千克，产值 540 元，生产成本 200 元，净利润 340 元。通过浙贝母/春玉米/秋大豆旱地新三熟种植模式，亩产值达 27 680 元，净利润 11 140 元。

作物	产量(千克/亩)	产值(元/亩)	净利润(元/亩)
浙贝母	250	26 250	10 250
玉米	320(干籽)	890	550
大豆	150(干籽)	540	340
合计		27 680	11 140

贝母大田生长

贝母套种玉米

茬口安排

9月中下旬到10月下旬播种浙贝母，次年5月上旬收获，4月上中旬套种春玉米，7月中下旬收获，6月下旬至7月上旬在玉米收获前套种秋大豆，10月中旬收获干籽，土地全年无休。

作物	播种期	收获期
浙贝母	9月中下旬到10月下旬	5月上旬
玉米	4月上旬	7月中下旬
大豆	6月下旬到7月上旬	10月中旬

关键技术

一、浙贝母

（1）选地整地。栽培浙贝母多选择海拔稍高的山地，以土质疏松肥沃、含腐殖质丰富的沙壤土为宜，要求排水良好，阳光充足。浙贝母最好不要连作，以利浙贝母生长和预防病害。整地做畦，深翻25~30厘米，按畦宽1~1.2米，高15厘米，沟宽25厘米整畦，畦面呈龟背型。

（2）适度密植。合理密植是浙贝母提高产量、保证质量的重要环节。每畦栽种6行，行距15~20厘米，株距10~15厘米，亩栽3万~3.5万穴，亩用种量200~300千克，鳞茎大的应种得稀，鳞茎小的则种的密些。栽种时，先开播种沟，按要求株距摆放鳞茎（芽向上），然后覆土，栽植深度3~5厘米。播种后畦面用大豆秸秆等500千克覆盖。

（3）合理施肥。基肥亩施商品有机肥300~400千克、硫酸铵或石灰氮20~25千克、磷肥30~40千克、硫酸钾8~10千克，锌、硼肥各1千克。12月下旬亩追施45%硫酸钾型三元复合肥40~50千克。2月底3月上旬看苗施肥，亩施复合肥20~30千克。

（4）田间管理。出苗前，每亩用20%克无踪200毫升+50%乙草胺100毫升（或90%禾耐斯60毫升）对水50千克全田均匀喷雾进行除草。一般中耕除草与施肥相结合，在施肥前除草，使土壤疏松，容易吸收肥料，增加保水保肥能力。为培育大鳞茎，减少贝母开花结实消耗养分，一般在3月下旬进行摘蕾，即植株有1~2朵花蕾出现时进行。摘蕾是将花连同7~10厘米的顶梢部分一起去除，所以也叫打顶。摘蕾宜在晴天进行，以免雨水渗入伤口引起腐烂。

(5) 病虫害防治。浙贝母病害主要有灰霉病、黑斑病、软腐病，虫害主要为蛴螬。3月中旬至4月中旬选用50%多菌灵、70%甲基托布津、50%速克灵1 000~1 500倍液喷雾，轮换用药，连续用药2~3次，间隔期7~10天，用于防治灰霉病和黑斑病等。蛴螬在3月中旬至4月选用50%辛硫磷或48%乐斯本1 000~1 500倍液浇灌防治。

(6) 收获。5月上旬在浙贝母地上部分枯萎后选晴天采挖，规范生产加工，推广浙贝母无硫化加工技术。

二、春玉米

(1) 品种选择。选择高产良种“登海605”“郑单958”等品种，有利于田间种植安排及提高产量和效益。

(2) 播种育苗。选择背风向阳，土质疏松，肥力较好的田块，按每亩大田15平方米做好苗床。每15平方米苗床施腐熟有机肥10千克加复合肥0.6千克。4月上旬播种育苗。

(3) 适时移栽。4月中下旬在畦两侧套栽，行距60厘米、株距25~30厘米，亩密度3 500~4 000株。

(4) 合理施肥。移栽后一周左右亩施复合肥10~15千克，商品有机肥500千克。贝母收后，及时中耕除草培土。玉米是需钾量较大的作物，在施肥种类上要增施钾肥。大喇叭口期追施高氮高钾复合肥30千克或尿素15千克、氯化钾10千克，齐穗后看苗补施尿素10~15千克。

(5) 病虫害防治。玉米病虫害主要有纹枯病、锈病和玉米螟等。在纹枯病发病初期，每亩用5%井冈霉素100~150毫升，或20%粉剂25克，加水50~60千克茎叶喷雾。锈病可用15%粉锈宁可湿性粉剂1500倍液喷雾。玉米螟防治要注意田间卵孵化进度和幼虫危害情况，抓住关键时期，每亩用20%氯虫苯甲酰胺悬浮剂10毫升，对水30千克喷雾。

三、秋大豆

(1) 品种选择。选择适宜当地种植、产量较高、抗性强、生育期较短的品种，如“丽秋3号”。

(2) 适时播种。6月下旬至7月上旬玉米收获前在两行玉米中间套种两行秋大豆，行距60厘米、穴距20~25厘米，密度4 500~5 500穴/亩，每穴播3粒健壮种子。

(3) 合理施肥。出苗后，亩施复合肥10千克左右。开花期采用根外追肥，用磷酸二氢钾喷雾，促使粒多粒重。

(4) 收获。10月中旬大豆茎叶落黄后收秆脱粒。收获后秸秆可用于覆盖播种后的浙贝母畦面上，作为浙贝母的有机质肥料。

执笔：东阳市农业技术推广中心 董航顺
浙江省农业技术推广中心 姜娟萍

贡菊与春玉米套种模式

基本概况

贡菊也称“黄山贡菊”“徽州贡菊”，又称徽菊，与杭菊、滁菊、亳菊并称中国四大名菊，因在明朝期间被列为贡品而得名“贡菊”。贡菊是一种名贵的中药材，经现代药理研究及临床应用证明，贡菊具有疏风散热、养肝明目、清凉解毒等功效，常饮菊花茶或菊花酒，能“清净五脏，排毒健身”，起到延寿美容的作用。

浙江省从20世纪末开始引种黄山贡菊，经过十多年不断探索，现已总结出一套贡菊套种春玉米的高产高效种植模式，年推广面积2 000多亩，平均亩产值6 940元，纯收入4 680元。贡菊套种玉米充分利用了山区旱地资源，明显提高复种指数，稳定了粮食播种面积，增加了经济效益，是一种具有较大推广价值的药粮栽培新模式。

产量效益

贡菊一般每亩可收获干花80千克，售价80元/千克，产值6 400元，每亩生产成本约2 000元，净利润4 400元；春玉米亩产量180千克，售价3元/千克，产值540元，生产成本约260元，净利润280元。

作物	产量(千克/亩)	产值(元/亩)	净利润(元/亩)
贡菊	80	6 400	4 400
春玉米	180	540	280
合计		6 940	4 680

玉米地套种贡菊

茬口安排

贡菊最佳种植时间在 3 月下旬至 4 月上旬，10 月下旬至 11 月采收；春玉米 3 月下旬至 4 月中旬播种，7 月下旬至 8 月上旬收获。

作物	播植(移栽)期	采收期
贡菊	3 月下旬至 4 月上旬	10 月下旬至 11 月
春玉米	3 月下旬至 4 月中旬直播	7 月下旬至 8 月上旬

关键技术

一、贡菊高产栽培技术

(1) 整地育苗。选择当年开花多、植株健壮无病的菊花田作为育苗基地。菊花采摘后离地 3~4 厘米割除地上部枝条，清除地上枯枝落叶，并进行培土越冬。第二年开春新菊花幼苗长出时浇施人粪尿，促进菊花苗的生长，同时做好菊花叶斑病、霜霉病和蚜虫的防治。苗高 15~20 厘米时，选择健壮无病虫害菊苗出圃定植。

(2) 大田移植

① 地块选择：贡菊适宜栽培于海拔 300~600 米高的山地，在地势高燥，阳光充足，土质肥沃，土层疏松，排水良好，中性或微酸性（pH 值 7.0~5.5）的沙质壤土生长旺盛。提倡轮作，如要连作需在种植前进行土壤消毒。

② 翻耕整地：3 月下旬翻耕，精细平整做畦，畦高 20~25 厘米，畦宽 80~100 厘米，沟宽 30 厘米。没有前茬作物的地块，可于年前秋冬季进行一次深翻耕，促使土壤风化，降低虫口基数。

③ 移栽定植：贡菊最佳定植时间在 3 月下旬至 4 月上旬，选择雨后阴天或晴天傍晚进行。如遇少雨天气，土壤不够湿润，移栽时需浇定根水。移栽时将顶芽摘除，减少养分消耗，提高成活率。贡菊在玉米宽行间双行套种，株距 35~40 厘米，亩种植密度 3 000 穴左右，每穴 2~3 株。

(3) 田间管理

① 摘心打顶：摘心打顶共进行 3~4 次，第一次在移栽时或移栽苗成活后，第二次 6 月中旬，第三次 7 月中旬至 8 月上旬，后期长势旺的可增加一次，移栽较迟的弱势苗摘心打顶次数相应减少。第一次离地 5~10 厘米摘去顶芽，以后各次保留 10~15 厘米摘去上部顶芽，每次摘心打顶均需选择晴天进行，摘下的顶芽全部带出销毁。

② 控高促分枝：对长势过旺的菊苗可喷施多效唑进行控高促分枝，在摘心打顶后 3 天喷施 50~200 毫克/升多效唑，以促进植株主干生长粗壮、多分枝和多结蕾。

③ 中耕除草。中耕除草一般 3~4 次，第一、第二次锄草宜浅不宜深，以后各次宜

贡菊旺长

深不宜浅。后期除草时都要培土拥根，保护根系防倒伏。有条件的地方可割草铺根，既可防止杂草，又可抗旱保墒。

④ 肥水管理：雨季注意清沟排水，防止受涝烂根。夏秋季节干旱时，要及时浇水抗旱，孕蕾期不能缺水。贡菊是喜肥植物，在生长期间要施足基肥，轻施苗肥，巧施分枝肥，重施花蕾肥。基肥结合整地时施入，每亩施用腐熟厩肥 2 000~2 500 千克，或饼肥 100 千克。追肥分 3 次进行，第一次在栽培成活后每亩施人粪尿 100~150 千克加尿素 5 千克对水浇施；第二次在植株开始分枝时，每亩施人粪尿 200 千克或饼肥 50 千克对水浇施，以促进多分枝；第三次在孕蕾时，亩用尿素 10 千克、硫酸钾 5 千克、过磷酸钙 25 千克穴施，或亩用硫酸钾复合肥 15~20 千克穴施，以促进结蕾。另外在花蕾期用 0.2%磷酸二氢钾加喷施宝作根外追肥，促进开花整齐，提高产量。

(4) 病虫害防治。贡菊苗期用甲霜灵防治霜霉病、吡虫啉防治蚜虫、百菌清防治白绢病；9 月上旬用多菌灵、代森锰锌防治斑枯病；用锐劲特防治斜纹夜蛾。

二、春玉米高产栽培技术

(1) 选用良种。选用“登海 605”“蠡玉 35”“浚单 18”等紧凑型高产玉米品种。

(2) 精细播种。抓好播种质量关，提高群体整齐度。播前晒种，精细播种，深浅均匀，确保全苗壮苗，如有缺苗及时补苗。玉米实行宽窄行种植，宽行规格为（80~100）厘米×（20~30）厘米，窄行规格为（40~50）厘米×（20~30）厘米，亩种植密度1 000株。

(3) 肥水管理。贡菊、玉米都是需肥量较多的作物。提倡增施腐熟猪牛栏肥等农家有机肥，合理配施化肥，一般亩施纯氮14~18千克、有效钾6~9千克、有效磷4~6千克。其中磷、钾肥主要用作基苗肥，在拔节前施入，氮肥全程施用（基苗肥30%、攻蒲肥60%、粒肥10%）。玉米是对锌敏感的作物，当土壤中有效锌的含量在0.6毫克/千克以下，每亩用硫酸锌1~1.5千克作底肥，有明显增产效果。基肥：每亩施入腐熟猪牛栏肥等农家有机肥500~1 000千克或穴施复合肥10~20千克。苗肥：1~4叶时，每亩用过磷酸钙10~15千克冲水浇施；7~8叶，每亩穴施尿素或碳铵10~20千克。攻蒲肥：在喇叭口期，每亩穴施碳铵50~60千克加氯化钾5千克。粒肥：抽雄吐丝期，每亩穴施碳铵10~15千克。提倡秸秆还田、割草铺地，以培肥地力，增加土壤有机质，并减少水土流失。玉米需水量大，在苗期、孕穗期、开花期、灌浆期注意割草铺地保湿，确保玉米高产。

(4) 病虫害防治。玉米病虫害主要有螟虫、大小叶斑病和锈病。采用合理密植、科学施肥等农业措施，提高玉米抗逆性，减轻病虫为害。玉米大小叶斑病、锈病和螟虫用三唑磷、多菌灵、粉锈宁、氯氰菊酯等高效低毒、低残留农药防治，严格控制农药施用量和安全期。

执笔： 淳安县农业技术推广中心 余建忠 张 薇
淳安县文昌镇农业公共服务中心 陈华勇
淳安县中洲镇农业公共服务中心 余 星

大棚西瓜—大棚果蔗轮作模式

基本概况

西瓜和果蔗是浙江省两大主要经济作物。20世纪末，温岭等地瓜农纷纷到全国各地包地种瓜并获得效益后，蔗农也紧随其后，跟随瓜农到外地发展大棚果蔗，并因此形成了“大棚西瓜—大棚果蔗”轮作模式。通过西瓜和果蔗轮作，既能减轻西瓜、果蔗病虫害的发生程度，又能充分提高大棚的利用率，减轻搭建大棚成本和劳动力成本，还能提高土地产出率和经济效益，实现一棚两用和瓜农蔗农双增收。目前，该模式已在台州、金华、衢州、绍兴以及江西省等地逐步推广，年应用面积超过5 000亩。

产量效益

大棚西瓜—大棚果蔗轮作模式，既能利用西瓜大棚设施降低生产成本，又能提早种植果蔗达到果蔗高产高效。据调查，大棚西瓜平均每亩产量4 400千克，产值9 680元；大棚果蔗平均每亩产量8 000千克，产值11 200元；两季合计每亩产值20 880元，净利润8 280元。

作物	产量(千克/亩)	产值(元/亩)	净利润(元/亩)
大棚西瓜	4 400	9 680	4 080
大棚果蔗	8 000	11 200	4 200
合计	12 400	20 880	8 280

大棚西瓜

茬口安排

西瓜于 1 月上旬播种，2 月上中旬移栽定植，5 月下旬至 9 月下旬陆续采收，可采收 4~5 批西瓜；果蔗于 10 月中下旬播种，翌年 9 月下旬至 11 月采收。

作物	播植(移栽)期	采收期
大棚西瓜	2 月上中旬移栽	5 月下旬至 9 月下旬
大棚果蔗	10 月中下旬播种	翌年 9 月下旬至 11 月

关键技术

一、品种选择

西瓜选用“天山”牌或“沙海明珠”牌“早佳 8428”品种。果蔗选用“温联”果蔗或“温联 2 号”果蔗作种蔗。

二、大棚西瓜生产

(1) 育苗。用未种瓜类作物 5 年以上的无病菌干燥园土或水稻土作营养土。选择孔径 8~10 厘米塑料营养钵或 50 孔穴盘育苗。1 月上中旬播种，苗龄 30~35 天，定植前 5~7 天进行炼苗。

(2) 大田准备。选择地势平坦、干燥、未种瓜类作物 5 年以上的田块种植。前作采收后灌水闷棚 15~30 天。放水，晒白，待耕。定植前半个月到一个月，每亩施腐熟有机肥 1 000 千克、三元复合肥 30 千克、钙镁磷肥 25 千克、硫酸钾 15 千克，翻耕整地。搭建 1.8 米高、6 米跨度的大棚，棚中间开沟，分成两畦，沟宽 30 厘米。每条瓜畦铺设简易滴灌带 1~2 根。

(3) 适时定植。2 月上中旬，瓜苗 2~3 片真叶时定植。定植穴在畦中央，株距 0.8~1 米，每亩栽植 220~250 株。采用 3 膜或 4 膜覆盖。定植后每穴浇施三元复合肥 300 倍、磷酸二氢钾 500 倍、敌磺钠 500 倍的混合液 500 毫升。

(4) 田间管理。缓苗期前 3 天以保温为主，严密覆盖大棚。缓苗后，温度可适当降低。伸蔓期及时理蔓。主蔓 60 厘米左右时开始整枝，每株保留主蔓和 2 条粗壮侧蔓，其余不断剪除。坐瓜后不再整枝。结果期，白天棚温保持在 25℃~30℃，夜间不低于 15℃。长势好的植株，主、侧蔓选择子房发育正常的第 1 朵或第 2 朵雌花坐瓜。开花时，早上 7—9 时进行人工授粉，阴天适当推迟。人工授粉后做好标记，注明坐瓜时间。幼瓜坐稳后，每株保留正常幼瓜 1 个，其余摘除。幼瓜鸡蛋大时施膨瓜肥，每亩用三元复合肥 10 千克、硫酸钾 5 千克，以后每隔 7~10 天施 1 次。用量同第 1 次。采收前 10 天停止施肥水。第 1 批瓜采收后，每亩施三元复合肥 10 千克、硫酸钾 5~10 千克，并喷 0.2%~0.3%磷酸二氢钾溶液 60~70 千克 1~2 次。第 2 次膨瓜肥用法同第一次

本页图：大棚西瓜和大棚果蔗

膨瓜肥相同。第2批瓜每株坐2个左右，以后看苗坐瓜。气温高、干热，适当增加浇水次数。

（5）适时采收。大棚西瓜4月坐瓜，瓜龄35天左右即可采收，以后气温升高，瓜龄27天左右即可采收。5月下旬至9月下旬陆续采收，可采收4~5批西瓜。

（6）病虫防治。大棚西瓜主要病害有枯萎病、炭疽病、蔓枯病、白粉病。主要虫害有蓟马、蚜虫、瓜叶螨、美洲斑潜蝇。枯萎病用70%敌磺钠600~800倍液灌根，每穴不少于500毫升。炭疽病用80%代森锰锌500倍液或25%甲霜灵800~900倍液喷雾。蔓枯病用10%苯醚甲环唑1 500倍液或43%戊唑醇5 000倍液喷雾。白粉病用43%戊唑醇5 000倍液或12.5%晴菌唑4 000~6 000倍液喷雾。蓟马用6%乙基多杀菌素2 000倍液或50%苯丁锡4 000倍液喷雾。蚜虫用22%氟啶虫胺腈3 000倍液或50%辛硫磷1 000~1 500倍液喷雾。瓜叶螨用1.8%阿维菌素5 000或50%苯丁锡4 000倍液喷雾。美洲斑潜蝇用50%灭蝇胺3 500倍液喷雾。

三、大棚果蔗种植技术

（1）播前准备。前作西瓜采收后，棚内杂草多，每亩用草甘膦150毫升和二甲四氯50毫升加水20千克喷施除草。翻耕后整畦，每亩施三元复合肥25千克，1棚2畦，将畦整成屋脊形，待种。将种蔗截成段，每段应无病虫，蔗芽饱满健壮，每种段要有3~5个芽。每亩需备足1 000~1 100个种段。

（2）播种。10月中下旬播种，直条播，一畦双行。播后每亩施三元复合肥15千克，然后用脚踩种段使其与土壤紧密接触，再每亩施3%辛硫磷颗粒剂4千克，覆土1.5~2厘米，喷除草剂防治杂草，覆盖地膜，11月底搭建小拱棚，覆膜，要达到三膜覆盖。

(3) 播后管理。果蔗出苗后，每隔 1~2 天破地膜露苗 1 次，避免幼苗烧伤。果蔗长到 6 片真叶时开始分蘖，采用主茎留苗为主，每亩预留苗 2 800~3 000 株，去掉无效分蘖。2 月底揭去拱棚膜，5 月底，气温稳定在 20℃以上时，揭去大棚膜，最迟在 5 月 25 日前完成，6 月底前揭去地膜。

大棚果蔗易高温烧苗，开通风洞是最好办法。3 月下旬可在顶膜一边开通风洞，也可在两边开通风洞。通风洞成半圆形，直径 10 厘米左右，洞间距 2.5~3 米。两边开洞间距可增 1 倍，洞口要相对错开。开通风洞要依据当天预报温度，并在上午 9 时完成，控制棚温不超过 38℃。4 月中旬日最高气温 26℃时，应增加洞数 1 倍，即采用两边开洞。4 月下旬日最高气温 29℃时，加大通风洞口径至 20 厘米左右。5 月要依据植株长势再增加开洞数，当蔗叶与薄膜贴在一起时要穿洞取出叶片。

大棚果蔗总用肥量为三元复合肥每亩 125 千克，其中基肥占 30%，分 2 次施，追肥占 70%，分 3 次施。果蔗长势较好的，4 月上旬在畦中间对开地膜，将地膜用竹片撑起，清理杂草，并施三元复合肥每亩 30 千克，施肥后将畦中间的土培向植株根部至 6 厘米，再用蔗草净 300 毫升加水 300 千克喷施除杂草，注意不要喷到蔗叶上，然后重新盖好地膜，6 月中旬果蔗拔节伸长时，结合清沟施三元复合肥每亩 30 千克，将沟面加宽至 50 厘米，加深 3 厘米，用沟中泥土在植株根部培土 6 厘米。当果蔗伸长到 50 厘米以上，加深沟底 5 厘米并粉碎泥土，施三元复合肥每亩 25 千克混在沟泥中并培于植株根部。

果蔗拔节后要经常清理老叶，一般 15 天剥叶 1 次，留上部 8~9 片叶，最后 1 次剥叶留 6 片叶，最后定株每亩 2 600~2 700 株。果蔗前期应干湿适度，以土壤持水量 60%左右为宜。伸长旺盛期，以土壤持水量 80%为宜。成熟期，使土壤持水量逐渐下降到 40%，以利于糖分积累。大棚果蔗最早采收在 9 月下旬，最迟采收在第 1 次霜冻来临前。

(4) 病虫防治。果蔗生长前期，要注意地下害虫对果蔗的危害。12 月至翌年 4 月注意蓟马、红蜘蛛、蚜虫的危害。蓟马用 6%乙基多杀菌素 2 000 倍液或 50%苯丁锡 4 000 倍液喷雾。红蜘蛛用 1%阿维菌素 1 000~1 500 倍液喷雾。蚜虫用 22%氟啶虫胺腈 3 000 倍液喷雾。5—9 月要及时防治螟虫，在防治适期，每亩用 20%氯虫苯甲酰胺悬浮剂 15~20 毫升或 20%氟虫双酰胺 15 毫升，加水 60 千克喷雾。

执笔：温岭市农业林业局蔬菜办　王　驰　王文华

杭白菊/烟叶—榨菜一年三熟模式

基本概况

杭白菊、烟叶和榨菜均是桐乡市传统优势农产品，有着悠久的种植历史。近年来，全市杭白菊种植面积稳定在5万亩左右，烟叶约4 000亩，榨菜5万亩以上。烟/菊—榨菜一年三熟模式，充分利用了杭白菊生长前期行间空余套种烟叶，冬季再种植一季榨菜，增加了土地利用率和产出率，显著提高了亩均效益，增加了农民收入。该模式主要在桐乡等杭白菊主产区推广。

烟套菊、烟叶采收

产量效益

杭白菊、烟叶和榨菜均是露地栽种，物化成本投入不大，单个作物效益也不算高，通过合理的搭配种植，一般年份三者总产值12 000~15 000元/亩，亩效益一万元以上。其中杭白菊、榨菜的加工企业众多，农户可鲜品直接投售；烟叶为晒红烟，农户需经调制、晒干，由烟草公司统一定点收购，产品销售均无后顾之忧。

作物	产量(千克/亩)	产值(元/亩)	净利润(元/亩)
烟叶	145(干)	3 920	3 040
杭白菊	825(鲜朵菊)	6 620	5 810
	450(鲜胎菊)	7 200	6 390
榨菜	3 840(鲜)	2 930	2 510
合计		13 470/14 050	11 360/11 940

注：杭白菊可采摘胎菊或朵菊，采摘胎菊产量较低、采摘费工、产值略高，实际生产中农户前期多摘胎菊、后期采摘朵菊为主。

茬口安排

本模式季节安排比较紧凑，且三种作物都需要另外择地育苗。特点是前期杭白菊与烟叶套种，中期烟叶采摘后、杭白菊压条全园生产，下一茬冬种作物榨菜为净作，土地利用率高，且实现了绿色过冬。

作物	播植(移栽)期	采收期
烟叶	2月底3月初育苗,4月中旬移栽	7月上旬至下旬
杭白菊	生产田选留菊苗,4月下旬移栽	10月下旬至11月中旬
榨菜	10月初育苗,11月下旬至12月初移栽	3月底至4月上旬

关键技术

一、烟叶

（1）育苗。选用“世纪1号”品种。采用小拱棚穴盘育苗，用种量0.3~0.4克/平方米，拌消毒土后撒播，即每千克细土或细沙拌50%福美双可湿性粉剂3克、再拌入1克烟籽后撒播。

（2）移栽。苗龄50~60天，叶龄5~6叶期定植，畦宽2米（含沟），带土移栽在畦一侧，株距35~40厘米，亩栽750株左右，植后浇足定根水。

（3）大田管理。盖宽度75厘米地膜。6月10—15日烟叶打顶，每株有效留叶数控制在10~12张，并用12.5%灭芽灵350~400倍液喷雾或浇淋抑制侧芽。

（4）施肥。栽前开条沟亩施商品有机肥1 000千克（若全园基施则与杭白菊共2 000千克），进口复合肥20千克作底肥。追肥2次，亩用量尿素或进口复合肥10千克，一般在6月中旬破膜后施入。

（5）病虫防治。主要病虫害有病毒病、黑胫病和蚜虫。采用合理轮作、选用无病种子等综合防治措施。病毒病主要是做好蚜虫防治，采用10%的“吡虫啉”乳油1 200倍或25%吡蚜酮3 000倍液喷雾，黑胫病可用50%可湿性粉剂百菌清1 500~2 000倍液喷雾，同时要加强肥水管理，提高烟株抗病性。

（6）采收及调制。7月上旬烟片逐步成熟，应自上而下，分批分级采收，然后进行调制。调制基本分为上帘、釉叶、曝晒、整理几个步骤。

二、杭白菊

（1）品种。选用“早小洋菊”“小洋菊”等品种。

（2）留苗。上年选生长好种菊地留种，冬季割茎、清园、覆土，开春后亩施人粪尿200千克，培育壮苗。一般一亩苗地可移栽大田10亩。

（3）移栽。大田翻耕作畦，畦宽（含沟）2.0米，如上年种植菊花，需改畦换行栽

左上图：烟套菊
左下图：榨菜旺长

右上图：杭白菊生长
右下图：胎菊

种，4月上中旬移栽，每畦中间略靠一侧种植1行，株距20厘米，2株/穴，亩栽3 500~4 000株。

（4）田间管理。压条分2次进行，第一次在5—6月当苗高30~40厘米时进行。结合除草松土，每隔15厘米左右压上泥块，保证枝条充分与松土接触，有利菊苗节节生根和节部侧枝生长。预留较长、较多枝在种植烟叶一侧，待烟叶采收后第二次压条，满畦压条，使畦面分布均匀。7—8月新稍长到10~15厘米时摘心，预留生长延长枝，分2次完成摘心，使菊苗分布均匀，亩分枝数12万枝左右。

（5）施肥。重施基肥，轻施苗肥，追施分枝肥，重施蕾肥。栽种前结合整地翻耕每亩施入有机肥1 500千克作基肥。视生长势施活苗肥、压条肥、分枝肥，每次施复合肥5~10千克，生长量增加，用肥量增大。9月中旬至10月初是菊花现蕾期及膨大期，需肥量大，此时亩施尿素或进口复合肥15~20千克作蕾肥，促使花蕾增多、增大，开花整齐，可视生长状况施2次。

（6）病虫防治。主要病虫害有叶枯病、蚜虫、夜蛾类等。叶枯病发病时期为6—9月，可用25%阿密西达1 500倍液（或百菌清800倍液）+井岗霉素100倍液喷雾防治。蚜虫多发生在9月上旬至10月间，一般用10%吡虫啉1 000~1 500倍液或25%吡蚜酮3 000倍液防治。斜纹夜蛾、甜菜夜蛾、小菜蛾等主要在8月底开始为害，可用5%抑太保1 500倍液或20%或康宽3 000倍或2%甲维盐1 500倍液防治。

（7）采收。10 月中下旬到 11 月中旬分批采收胎菊或朵花。胎菊以花蕾充分膨大，花瓣刚冲破包衣但未伸展为标准；朵菊以花芯散开 30%~70%为标准。

三、榨菜

（1）品种。选用“桐农 1 号”“桐农 4 号”。

（2）育苗。苗床选择土壤疏松、富含腐殖质、近水源、远离萝卜、白菜等毒源植物地块，以减少病毒传播。10 月初播种育苗，每亩苗床播种量 0.75 千克左右，大田亩用种 0.1 千克。

（3）移栽。在杭白菊采收完毕后，清除杭白菊枝叶，翻耕，11 月底至 12 月初定植，株行距 12 厘米×28 厘米，亩栽 1.8 万株，东西行向种植，有利于冬季防冻。定植后随即浇足定根水。

（4）施肥。施足底肥，定植时穴施过磷酸钙 50 千克、复合肥 25 千克，与土拌匀。苗肥亩施尿素 10 千克或榨菜专用肥 25 千克。重施膨大肥，亩施尿素 25 千克、钾肥 5 千克。

（5）病虫防治。育苗期及移栽后，用吡蚜酮或吡虫啉治蚜虫 1~2 次，以防止传播病毒病。年后及时疏通沟渠，减少黑斑病、软腐病发生。

（6）采收。3 月底至 4 月上旬采收，采收标准为苔高 5 厘米左右，带有花蕾，下部叶片开始落黄，此时产量高、质量最好。要求去除根部、叶、苔，实现“光菜”上市。

执笔：桐乡市农业技术推广服务中心　周建松

芋艿间作竹荪模式

基本概况

竹荪也叫竹参，属珍稀食用菌，营养丰富，香味浓郁，有“真菌皇后” 之美誉和滋补强壮、益气补脑、宁神健体之功效。“芋艿间作竹荪”农作新模式，是利用芋艿、竹荪的生物学特性对环境需求相近，又能优势互补的关系，在芋艿行间种植竹荪。竹荪基质为芋艿创造疏松、高持水的土壤条件，芋艿叶片宽大为竹荪提供阴凉湿润的小气候微环境；种菇废弃物自然消化，实现温、光、水、土壤等自然资源利用的最大化，提高了土地利用率和产出率，每亩利润比单纯种芋艿增收 5 000 元以上。该模式已在永康等地推广应用 1 万余亩，并逐步向江山、温州、缙云和四川、江西、福建等地辐射推广。

产量效益

竹荪干品市场批发价每千克 160 元左右，零售 500~1 000 元。“芋艿间作竹荪”每亩可产竹荪鲜菇 1 120 千克，烘制得竹荪干品 73 千克，产值约 11 200 元；亩产芋仔 1 800 千克，以每千克 2.5 元计，产值约 4 500 元，二者合计产值 15 700 元。不计自投劳力，除去各项成本，每亩利润可达 11 770 元。

作物	产量(千克/亩)	产值(元/亩)	净利润(元/亩)
竹荪	70	11 200	8 170
芋艿	1 800	4 500	3 600
合计		15 700	11 770

茬口安排

上一年 5 月制作竹荪母种，6—7 月制作竹荪原种，9—10 月制作竹荪栽培种，也可从市场上购种。冬前翻耕整地，2 月竹荪培养料建堆发酵， 3 月竹荪与芋艿同时播种，6 月下旬至 8 月竹荪采收，9 月以后芋艿采收。

作物	间作播种期	采收期
竹荪	3 月	6 月下旬至 8 月
芋艿	3 月	9 月以后

关键技术

一、及早准备

规划好芋艿间作竹荪主要环节的时间节点，以利各项工作有序进行。重点确定播种时间，按播种时间让菌种场提前制备竹荪栽培种，提前整理土地，提前准备好竹荪培养原材料和覆盖物，提前 1 个月培养料建堆发酵。按菌种管理要求，竹荪栽培种一般由菌种场生产。

此外，要添置摊放鲜竹荪子实体的竹扁，5 亩左右配置一台简易烘干机。

二、品种选择

竹荪属好气性中温型菌类，喜温、喜湿、怕光，子实体期需少量漫射光，pH 值为 4.5~6。芋田间作宜选用适应性广，菌丝生长快，子实体大，出菇集中，附加值高的品种，如“D89”。

芋艿性喜温、喜湿、喜肥，虽耐阴仍需较强的光照，pH 值为 5~7.5。与竹荪间作宜选择抗病抗逆性强，优质丰产，结仔早而多，商品性好的早中熟品种，如“红芽芋”。

三、园地选择

栽培田块要求交通便利，背风清凉，水源清洁，排灌良好，土壤肥沃，无污染，上茬不种芋艿。栽培前翻耕日晒，四周开好排水沟，田内整好宽 80~90 厘米的龟背形畦床，留好深 25 厘米、宽 40~50 厘米的畦沟，待种。

四、栽培原材料准备与堆制

竹荪栽培原料可用竹屑、木屑、谷壳、稻草、秸秆、蔗渣等，刨屑粗细均匀或粗中有细，不霉变。每亩需原料 4 000 千克，其中：竹、木屑 90%，谷壳 10%，另加 1% 三元复合肥；竹荪栽培菌种 250 千克；芋种按每亩 4 500~5 000 穴计，约 250 千克。

竹荪是腐生菌，原料要先建堆发酵，以软化粗纤维，杀死杂菌和害虫。建堆场地可选在空旷的晒场或种植的田边。堆制前要把竹、木屑，谷壳等原料（复合肥除外）先过堆混和，再往料里喷水预湿，加水量为 65%左右。培养料充分吃透水后进行建堆，堆高 1.2 米，宽 1.5~2 米，堆长不限，成梯形或方形，堆中间用竹、木棒每隔 0.8~1 米打透气孔，遇低温阴雨天气料堆还需盖上不着地的农膜，以利升温发酵。发酵期间的堆温要达 60 ℃，翻堆 2 次，时隔 7~10 天翻一次，使培养料腐熟均匀。在播种前 3~5 天，每 50 千克培养料加入复合肥 250~500 克，并重新翻堆一次。见培养料黄褐色，闻之无氨味，即可使用。

五、播种方法

选择春季晴暖天气，芋艿、竹荪分条同时播种。先在畦沟内铺 2/3 培养料，摊平，把竹荪菌种掰成枣果大小，按 10 厘米×10 厘米或 15 厘米×15 厘米的间距播上菌种，再盖上另 1/3 的培养料，摊平。在培养料两侧的畦背上开深 15 厘米的芋艿种植沟，按 25 厘米株距播种芋艿（培养料不要盖住芋种），在二穴芋种之间按每亩 50 千克用量施复合肥作底肥，把原畦背的土敲碎覆盖到芋籽和培养料上，料面覆土厚 3~5 厘米，改原来的畦背为畦沟。

六、田间管理

（1）竹荪发菌管理。播种后若晴天让畦面适当多晒太阳，可在播后半个月至一个月，芋艿苗出土之前，进行一次除草后再遮盖稻草或茅草。若阴雨天及时覆盖，保温保湿，畦沟不积水，以利于土温提升和芋艿、竹荪菌丝生长。播种 5 天检查菌种块是否萌发菌丝，若不发菌要找原因，并及时补种。竹荪菌丝最适生长温度为 20~28℃，最高 35℃，畦内培养料含水量应保持在 65%左右。4 月至 5 月中旬是竹荪菌丝生长期，低温多雨天气要进行排水通气，连晴数天，畦内湿度下降到 60%以下时，要对畦面适当喷水，温度升到 20℃时，如盖薄膜的要去掉，为竹荪生长创造适宜的环境。

（2）芋艿管理。芋艿喜湿，前期水分管理基本与竹荪相同，后期竹荪采收后继续保持干湿有度。施肥要早施断奶肥，适施旺苗肥，氮磷钾结合。在芋苗出齐后每亩撒施 25 千克复合肥，促芋苗快长成荫；芋苗长至 40~50 厘米高时，再施 15 千克的结仔肥。由于畦面盖草，施肥可选雨前散施或对水浇施。

（3）除草。播种覆土后铺上稻草、茅草等覆盖物，或在芋苗出土之前喷一次“高效盖草能”或“精禾草克”除草剂，再铺覆盖物，防止杂草生长争肥或拔草时拉动菌丝；当然，有少量杂草在草小时拔除为好。前期畦沟内杂草可用除草剂贴近地面喷雾，当竹荪菌丝延伸到畦沟边后忌化学除草。

七、出菇管理

经常检查菌丝生长情况，竹荪菌丝露出土面 15~30 天，菌丝体形成无数菌索，其前端膨大发育纽结进入原基形成期，要减少光照，补加覆盖物，保持菇床湿润，使湿度增加到 90%。再经过 10~15 天，原基发育成的菌蕾（菌蕾状如鸡蛋也叫菌蛋）进入菌蛋成长期，对湿度要求更高，要经常喷水，保持湿度在 90%~95%，但不能积水；温度控制在 20~30℃。每隔 5~7 天在夜间灌一次“跑马水”，让水淹至料面，以增加土壤湿度并降低温度，并及时排除；如灌水时间过长，土壤、培养料含水量太高、通气性差，会抑制菌丝生长或易产畸形菇，严重的可使其窒息死亡。菌蛋成长后相继出菇，要及时采摘。采菇后见土表干时要进行喷、淋水。一潮菇结束时，每亩畦面撒施约 10 千克复合肥，以加快菌丝恢复，缩短休菇期，提高下一潮菇的产量。一般可采收三潮菇。第一潮菇出在芋艿行间为主，以后的潮菇随菌丝向畦沟伸长会长到畦沟边来，劳作时小心不要踩踏菇蕾。

八、采收

（1）竹荪采收、烘干。竹荪出菇是菌蛋内的子实体拱破菌蛋壳–菇柄伸长–网状菇

左上图：芋地套种竹荪、菌丝发育期　　右上图：竹荪大量出菇
左下图：菌蛋　　右下图：竹荪

裙伸展开放的过程，只需 3~4 小时，时间均在上午 6—10 时。在出菇阶段要安排足够劳力，准备好采收框篮和摊放场地。六七点开始采菇，把快要破壳的菌蛋、已破壳的菌蛋、已放裙的竹荪一同采收，分开放置。采摘手法：菌蛋壳也叫菌托，采摘时手握菌托旋转摘下，减少菌丝和土的带出；采收放裙的子实体时随手摘去深绿色菌盖和菌托，轻轻放入篮中，其他未放裙的带回室内待其开裙，再去除菌盖和菌托，只留雪白的菌柄和菌裙，置于干净的竹篮或竹扁里，待 1 小时后菌裙全部放下，即可进行脱水、烘干。烘干时，将竹荪按大小、厚薄、干湿分层排放，烘房起始温度为 40~45 ℃，逐渐升温到 50~55℃，脱水至八成干时取出，略经回潮后缚成小捆，再放回烘房烘干，取出装入密封塑料袋，置于阴凉干燥处保存。

(2) 芋艿采收。竹荪潮菇采收完后，对芋艿继续进行水肥管理。芋艿采收要看市场行情，市场早期价格高，在 8 月初即可采收销售，但产量比较低。以后芋的产量质量还会提高，所以一般在下霜前，叶片变黄衰败，根系衰弱时，选晴天采收，有利于贮运。

九、病虫害防治

遵循“预防为主，综合防治”原则，尽量避免使用化学药剂。芋艿田不连作或水旱轮作，减少病虫害。确需喷药的，避开竹荪潮菇采收期，在休菇期或其他时段进行。采收竹荪要经常出入芋田，了解芋艿长势，按先长势好的后长势差的田块顺序进行，防止人为带虫带病。竹荪主要病害为烟霉病，好发在畦面的覆盖物上，使畦床培养料湿度增高，菌丝生长受阻。防治办法是排干沟水，加强通风降湿，挖出有病的覆盖物和表土，在发病部位涂上烂泥。

执笔：永康市经济特产站　林友红

浙江菇尔康生物科技有限公司　李金辉

棉花套种荞头模式

基本概况

荞头，又称藠头，为多年生草本百合科植物的地下鳞茎。成熟的荞头个肥大，洁白晶莹，辛香嫩糯，含糖、蛋白质、钙、磷、铁、胡萝卜素、维生素C等多种营养物质，是烹调佐料和佐餐佳品。近年来，金华等地示范推广了棉田套种荞头的种植新模式，将荞头替代传统的冬作油菜，经济效益显著提高。在棉花收获后期套播荞头，荞头收获前又套栽营养钵棉苗，是一种充分利用棉田前后期及冬季空间、提高棉田综合产出效益的耕作模式。目前，该模式主要在金华罗埠、洋埠等主产棉区推广应用。

产量效益

一般棉花亩产330千克（籽棉），产值2 640元，净利润2 105元，荞头亩产800千克，产值3 040元，净利2 540元，全年合计净利为4 645元。

作物	产量(千克/亩)	产值(元/亩)	净利润(元/亩)
棉花	330	2 640	2 105
荞头	800	3 040	2 540
合计		5 680	4 645

棉花荞头套种

本页图：荞头收获和荞头采收后棉花旺长

茬口安排

棉花于4月上中旬育苗，5月上中旬移栽，9月上旬开始采收，12月上旬结束；荞头在9月下旬到10月初播种，5月中下旬收获。

作物	播植(移栽)期	采收期
棉花	4月上中旬育苗,5月上中旬移栽	9月上旬至12月
荞头	9月下旬至10月初	5月中下旬

关键技术

一、荞头栽培技术要点

(1) 品种选择。选用适应性广、分蘖力较强、高产抗病的鸡腿形品种，如“白鸡腿”等。

(2) 整地播种。棉田套种荞头一般于9月下旬至10月初播种。播前在棉畦上整地，开沟施足有机肥，沟深8~10厘米。每穴播1粒种，穴距8~10厘米。播种后覆薄土，以稍露种柄顶端为宜。

(3) 肥水管理。荞头全生育期需要追肥3~4次。出苗后亩浇施腐熟人粪肥加三元复合肥10千克。翌年立春后气温回升，是荞头产量形成的关键时期，每亩施尿素20千克加氯化钾10千克。当荞头进入鳞茎膨大期，亩施三元复合肥20千克。每次施肥均施于株旁，结合松土除草。荞头为极耐旱的作物，可在不灌溉的情况下生长，但过于干旱时则品质不佳，在疏松的砂质土中栽培，灌跑马水可增加鳞茎产量。

(4) 拔秆培土。培土是夺取荞头优质高产高效的一项关键性技术措施，尤其是套种栽培，更应强调后期培土。一般翌年立春后，拔除棉秆，结合追肥进行第一次培土。在荞头鳞茎膨大期，连续培土2次，把下部裸露的鳞茎全部深盖，防止阳光照射变绿，提高商品性和经济效益。

(5) 病虫防治。荞头的病虫害发生比较轻。虫害以蓟马为主，可用10%吡虫啉1 500倍液进行防治。

二、棉花栽培技术要点

(1) 品种选择。选用“中棉所63”“金杂棉3号”等生长势强、高产优质、早熟的抗虫杂交棉品种。可减少棉田治虫农药用量，降低农田污染。

(2) 早播早栽。棉花于4月上中旬采用土坯营养钵播种育苗，5月上旬套栽于荞头行中间，确保棉花早发早熟高产稳产。种植密度1 400株/亩左右，行距1.2~1.3米。加强共生期的棉苗管理，促早返青，壮苗早发。到5月中下旬荞头收获结束，茎叶还田，结合清田中耕入土。

(3) 科学施肥。套种棉田肥水管理同一般高产棉田，只是要加强中后期化学调控，注意防止后期肥料过多，造成贪青晚熟，影响荞头套播。

(4) 改进整枝。套种棉田吐絮期及时整枝，改善田间通风透光条件，减少烂铃，促进吐絮。荞头套播前，剪除棉株上的空果枝、赘芽、无效花蕾、老叶等，有利田间播种操作。

(5) 安全用药。注意选用高效低毒、低残留农药防治棉田病虫草害。严禁使用高毒高残留农药，防止污染。

执笔：金华市婺城区农林局　方桂清　包立生

棉田套种豌豆模式

基本概况

兰溪市是浙江省主要产棉区。棉花在4月中旬播种育苗，5月中下旬移栽，9—12月采收籽棉，棉花收获后闲置时间较长。棉花移栽密度低，后期田间空余空间也较大，有利于与套种其他作物，提高棉田的土地、温光等资源利用率，从而提高棉田综合生产效益。近年来，浙豌1号等鲜食豌豆以及荷兰豆得到较快的发展，产量高，营养丰富，作蔬菜食用，品质口感俱佳，十分畅销。浙豌1号、荷兰豆在种植过程中均需搭架固定藤蔓，采用棉田套种充分利用了棉杆作为支架供豆蔓攀爬，节省了搭架成本；另外，收获豆荚后茎蔓用于还田，有利于改良土壤，提高肥力，促进农业的可持续发展。该模式主要分布在兰溪女埠、游埠等棉区乡镇，年种植面积4 500余亩。

产量效益

一般亩产籽棉320千克，豌豆鲜荚500千克，总产值6 000元以上。2013年兰溪市农作站在女埠街道泽基村建立示范点，面积1 150亩，平均亩产豌豆鲜荚535.3千克，产值4 656.65元，平均亩产籽棉358.5千克，产值3 225.88元，总产值7 848.65元。其中泽基村的汤荣富1.5亩棉田套种豌豆亩产鲜荚677.7千克，产值5 895.99元，亩产籽棉385.7千克，产值3 471.43元，总产值9 367.42元。

作物	产量(千克/亩)	产值(元/亩)	净利润(元/亩)
棉花	330	2 640	2 105
豌豆	500	4 350	3 750
合计		6 990	5 855

注：棉花价格为2016年市场价，不计自投劳力。

茬口安排

棉花4月上中旬育苗，5月中旬移栽，12月上旬采收完毕；豌豆11月上中旬播种，套种在棉株旁，4月底开始采摘，5月上旬采收结束，并拔杆整地，移栽棉花。

作物	播植(移栽)期	收获期
棉花	4月上中旬育苗，5月中旬移栽	9月上旬至12月上旬
豌豆	11月上中旬	4月底至5月上旬

上图：棉田套种豌豆
下左图：豌豆结果
下右图：棉絮开放

关键技术

一、棉花

（1）品种选择。选用“中棉所 87”“中棉所 63”“湘杂棉 8 号”“鄂杂棉 10 号”等茎秆粗壮、抗倒伏的优质高产抗虫杂交棉品种。

（2）适时播种。以气温稳定通过 15℃为宜，通常在 4 月 10 日左右，“冷尾暖头”抢晴播种，营养钵育苗，小拱棚薄膜覆盖。

（3）合理密植。根据棉苗及天气情况，5 月中旬当棉苗 3~4 片真叶时，抢晴移栽。宽行稀植，行距 0.9~1.0 米、株距 0.4 米左右，密度 1 600~1 800 株/亩。

(4) 科学施肥。根据早施苗肥，稳施蕾肥，重施花铃肥，补施盖顶肥的施肥原则，氮肥苗肥占15%，蕾肥占20%，花铃肥占45%，盖顶肥占20%。抗虫棉对钾肥的需要量较普通棉花要多，加大花铃期钾肥的使用量，以防早衰。

(5) 加强管理。苗期重点做好中耕松土、查苗补缺等，花蕾期主要是化学调控、适时打顶等，做好清沟排水，防止雨后积水。遇干旱采取沟灌，在傍晚或早晨较好，要求灌满沟而不上畦面，2~3个小时后及时排干。

(6) 防好病虫。因采用抗虫棉品种，棉铃虫和红铃虫害发生轻，主要做好蚜虫、红蜘蛛等虫害防治，后期注意防治斜纹夜蛾等。近年来，棉盲蝽发生有加重的趋势，应引起重视，及时施药防治。

(7) 及时收获，分级贮存。通常7天采摘一次。僵瓣花、虫伤花要分开，不同等级花分开晒。选好贮存容器，防异性纤维混入和回潮。

二、豌豆

(1) 选用良种，适期播种。选用“成驹30日”“大荚”“浙豌1号”等良种，亩用种量2~2.5千克，11月上中旬播种。

(2) 合理密植，优化群体。一般亩播2 000~2 500穴，播在棉畦的两侧，交叉播种，每穴播种3~4粒；播后覆土盖籽，采用乙草胺等喷施，进行芽前除草。

(3) 科学施肥，适施硼肥。下种时磷肥作基肥，亩施15千克。越冬后亩施45%三元复合肥10千克。开花结荚期分二次追肥，每次施尿素8千克加硼砂0.5千克，后期喷施磷酸二氢钾根外追肥。

(4) 加强田间管理。播前轻度整畦，清除杂草；出苗后及时查苗补缺确保全苗齐苗；当蔓长到30~40厘米时，及时引蔓上棉杆。开春后适时做好中耕除草工作；做好清沟防渍工作，遇干旱则要及时沟灌，保持土壤湿润。

(5) 适时采收，确保品质。4月中下旬开始采收，分期分批采摘。种植荷兰豆由于食用全荚，要求在豆荚长大豆粒未鼓起时采收扁平豆荚，过早采收荚小产量低，过迟纤维多、品质下降。

执笔：兰溪市农作物技术推广站　黄洪明　吴美娟

第四篇（共10例）

园地套种

新型农作制度50例

梨园套种春大豆和秋大豆模式

基本概况

梨是浙江省主要水果品种，全省种植面积35万余亩。为提高梨园的土地单位面积产出，增加收益，近年通过不断探索梨园间作套种模式，重点总结推广了梨园套种春大豆和秋大豆模式，实现一园多收，全年亩增收千元以上。该模式充分利用梨园春季和秋季的温、光、土资源，实行立体种植，茬口搭配合理，资源利用率高，稳粮增效作用显著。

产量效益

刚投产的新梨园产量相对较低，一般产量为750千克，产值4 500元，正常投产后一般亩产在1 100千克以上。鲜食春大豆亩产鲜荚623千克，产值1 495元，鲜食秋大豆亩产鲜荚700千克，产值1 600元，合计年亩产值7 595元，净利3 890元。

作物	产量(千克/亩)	产值(元/亩)	净利润(元/亩)
春大豆	623	1 495	890
秋大豆	700	1 600	1 000
梨	750	4 500	2 000
合计	—	7 595	3 890

注：本文中的梨园为新栽三年后刚投产的梨园。

梨园套种大豆

茬口安排

鲜食春大豆在4月上中旬播种，7月上中旬采收鲜荚。8月上中旬播种鲜食秋大豆，在11月上旬采收鲜荚。梨园管理时期按常规。

作物	种植时间	采收期
春大豆	4月中旬	7月中旬
秋大豆	8月上中旬	11月上旬

关键技术

一、鲜食春大豆栽培技术要点

(1) 选用良种。选用早熟、优质、高产鲜食春大豆专用品种，如“浙鲜9号”“浙农6号”等。

(2) 适时播种，适当稀植。4月上中旬穴直播，每亩播5 000穴，每穴播种2~3粒种子，每亩用种量5千克。

(3) 施足基肥，酌情追肥。播种前每亩施三元复合肥30千克作基肥，出苗后视长势每亩每次施尿素10千克。

(4) 加强病虫草害防治。大豆田杂草较多，可采用药剂防治与人工结合法防除，播后芽前用10%草甘膦水剂100~125倍液+50%乙草胺乳油对水喷雾封杀，出苗后结合中耕进行除草。主要虫害有小地老虎、蚜虫、大豆食心虫、毒蛾、斜纹夜蛾等，主要病害有锈病、病毒病、褐斑病、白粉病等。小地老虎等地下害虫可在播种后5~7天用辛硫磷喷雾防治，大豆食心虫、毒蛾等可在花荚期用20%氯虫苯甲酰胺（康宽）3000倍液喷雾防治，斜纹夜蛾可在低龄幼虫期用甲维盐等药剂防治。

二、鲜食秋大豆栽培要点

(1) 选用良种。选用优质、高产、抗病鲜食秋大豆专用品种，如“萧农秋艳”“衢鲜5号”等。

(2) 适期播种，适当稀植。8月15日前穴直播，每亩播4 500穴，每穴播种2~3粒种子，每亩用种量4.5千克。播种前种子用苗菌敌等药剂拌种防病害。

(3) 注意抗旱、防雨保全苗。秋大豆播种期正值高温干旱和雷暴雨天气，对出苗影响较大。若播种时土壤过干，可进行沟灌洇水，待畦面湿润后进行播种，播后排干沟水；若遇连阴雨或暴雨，应及时排涝防渍，防止因田间湿度高出现烂种烂芽，并注意及时查苗补苗。

(4) 科学肥水管理。早施苗肥，搭好丰产架子；中期重施花荚肥，促进开花结荚；后期适施鼓粒肥，防止早衰。同时做到氮、磷、钾结合施用，适当补施硼肥等微量元素。每亩施肥量掌握在纯 N 8~10 千克、P_2O_5 和 K_2O 各 5 千克，磷、钾肥在整地时一次性施入，氮肥按基肥:花荚肥:鼓粒肥 3:6:1 比例施入。并视长势在开花初期喷施 0.2%硼肥，在鼓粒中后期喷施 0.2%磷酸二氢钾叶面肥。

(5) 除草防病虫同春季。

三、梨树种植与管理要点

(1) 定植。梨树对土壤要求不严格，沙土、壤土、黏土均可种植，但对土层较瘠薄的园地最好先实行壕沟改土或大穴定植，栽植时间以春季 2—3 月为宜，栽植密度 110~150 株/亩。

(2) 整形修剪。采用主干双层形，树高控制在 4 米左右，全树留 5 个主枝。

(3) 挂果管理。一是进入盛果期后注意做好疏花疏果；二是注意防治裂果、锈果和采前落果；三是 5 月中旬果面果点形成之前进行果实套袋，套袋前果面喷一次广谱性杀菌、杀虫剂。

(4) 病虫害防治。梨树主要病害有梨黑星病、梨黑斑病、梨白粉病等，主要虫害有梨大食心虫、梨茎蜂和金缘吉丁虫等。防治方法是：一要注意田园清洁，减少病源；二要及时摘除并烧毁病梢、虫芽，消灭病虫源；三要加强药剂防治，控制病虫害蔓延。药剂防病掌握在临近花期和高谢花 70%左右时各喷一次 1:2:244 波尔多液或 800 倍液“大生 M”等保护花序、嫩梢和新梢；5 月中旬，6 月中旬、7 月中旬、8 月上旬各喷 1 次 800 倍液杜邦福星或 1 200 倍液多霉清等。梨大食心虫在冬季修剪时剪去虫芽和开花后摘除受害花簇、虫果的基础上，在越冬幼虫入侵花芽和幼果期前喷洒 10%高效灭百可乳油 5 000~7 000 倍液，或用 40%胺硫酸、40%氧化乐果 800 倍液等。梨茎蜂在结合冬季清园时刮除烧毁老翘树皮、消灭越冬若虫的基础上，在春季越冬若虫开始活动尚未散到枝梢以前和夏季群栖时可喷 10%高效灭百可 5 000 倍液或 10%灭扫利 3 000 倍液、40%氧化乐果 800 倍液。

执笔：平湖市农业技术推广中心 王 斌 邵 慧

猕猴桃园套种鲜食大豆模式

基本概况

猕猴桃营养丰富，种植经济效益高，近年来发展迅速，至2015年，浙江省种植面积约12万亩。猕猴桃喜土层深厚、疏松、有机质含量高、通透性好的土壤，对土质要求较高。针对猕猴桃行间土地空闲的特点，通过套种鲜食大豆，既能改善土壤结构，增加土壤有机质和氮素含量，满足猕猴桃的生长需求，又能提高土地产出率和经济效益。同时，通过套种和茎叶还田，在夏季高温季节还能起到保湿降温、改善果园环境、提高果实品质的作用，是一举多得的节本增效模式。

产量效益

猕猴桃种植后第二年开始少量挂果，第四年进入投产期。投产猕猴桃果园一般亩产量1 500千克，平均销售价格8元/千克，亩产值12 000元，除去成本，每亩净利润8 000元。大豆在套种的情况下，一般可亩产鲜豆荚250千克，平均销售价格8元/千克，亩产值2 000元，除成本，每亩净利润1 500元。两项合计亩产值14 000元，净利润9 500元。

作物	产量(千克/亩)	产值(元/亩)	净利润(元/亩)
猕猴桃	1 500	12 000	8 000
大豆	250	2 000	1 500
合计	–	14 000	9 500

茬口安排

猕猴桃是多年生落叶藤本果树，可秋季种植，也可以春季种植，一般3月上旬萌芽，4月中旬开花，9—10月成熟，正常栽培管理条件下，经济寿命可达30~40年。

大豆为一年生作物，选择中熟品种，一年一茬，4月下旬至5月中旬直播，7月下旬至8月中旬采收。

作物	播种期	收获期
猕猴桃	多年生	9—10月
大豆	4月下旬至5月中旬	7月下旬至8月中旬

关键技术

一、猕猴桃

（1）建园搭架。选择地势平坦、光照充足、排灌条件好、交通便利处建园，要求土层深厚、土质疏松、有机质含量高的中性或微酸性土壤。采用水平棚架，水泥柱高2.3米，埋入地下0.5米，架面高1.8米，水泥柱按4×4米埋设，架面用10号或12号镀锌钢丝拉成水平方块。

（2）定植。选择“红阳”“徐香”“金艳”等优良品种，以8:1的比例配置专用授粉树。按南北行向，起垄栽培，畦面宽3.8米。行株距4米×2米，亩栽85株。选择根系发达，枝蔓粗壮，芽眼饱满，无病虫害的优质种苗，定植时，剪留3~5个饱满芽。定植前挖深0.4~0.5米，直径0.6米的栽植穴，按每亩有机肥1 500~2 000千克，钙镁磷50千克的量，每穴施入底肥，肥料与土拌匀后回填，做成龟背状。定植时，要求根系舒展，浇透定根水。

（3）肥水管理。猕猴桃需肥量较大，常规栽培条件下全年施基肥1次，追肥4次。在套种大豆后，施肥量和施肥次数都有所减少，调整为全年施基肥1次，追肥2次。采取不施膨果肥，浇施增甜肥，增施叶面肥的办法。具体如下：基肥，10月中下旬，每亩施优质商品有机肥1 500千克，加钙镁磷肥50千克，于植株两侧开条沟施入；催芽肥，萌芽前15天，每亩施三元复合肥25千克，硼砂2千克，浇施或浅埋入土；增甜肥，6月下旬，每亩用硫酸钾15千克，对水浇施于植株的南北两侧。叶面喷肥，结合病虫害防治于开花前2~3天喷一次0.2%磷酸二氢钾加0.2%硼砂溶液；果实膨大期喷0.2%磷酸二氢钾加0.2%尿素溶液，隔15天再喷一次。水分管理：猕猴桃是落叶果树中耗水量最大的果树之一，一年之中有几个需水高峰期，即萌芽期、花前期、花后期和果实膨大期。在需水高峰期，如雨水不足，应及时灌水。休眠期需水量较少，但在越冬前灌一次水有利于植株安全越冬。

（4）整形修剪。采用“一干两蔓”整形，定植后选1个粗壮的新梢作为主干培养，并及时引缚上架，当新梢长至架面下30厘米时，进行摘心，留顶端2个副梢作为主蔓进行培养，其余抹除，主蔓上架后沿中心铁丝按纵向延伸；主蔓上长出的副梢每隔40厘米选留1个，其余抹除。冬季修剪时，在两株树的主蔓接头处剪截，主蔓上的副梢留12~14个芽短截，作为下一年的结果母枝。

（5）花果管理。猕猴桃是雌雄异株的果树，在花期需进行放蜂或人工授粉来提高座果率。花期一般6~8天，以开花的第1~2天授粉效果最佳。为提高工作效率可采用授粉器喷粉，每台授粉器一天能授粉5~6亩。猕猴桃座果后10~15天开始疏果，一般长果枝留3~4个果，中果枝留2~3个果，短果枝留1~2个果，亩产量控制在1 500千克左右。结果枝在最后一个果上面留6~7张叶片摘心，营养枝不需摘心，任其生长，

猕猴桃大豆套种

猕猴桃挂果

留作次年结果母枝。

（6）病虫害防治。猕猴桃抗病性强，病虫害较少发生。重点做好溃疡病、花腐病和褐斑病的防治。冬季修剪清园后，全园喷布3~5波美度石硫合剂消杀病源菌。萌芽后至展叶期选用20%噻菌铜悬浮剂600倍液或20%噻唑锌悬浮剂800倍液喷雾2次防治溃疡病。开花前1~2天用50%异菌脲可湿性粉剂1 000倍液加72%农用链霉素可溶性粉3 000倍液喷雾，防治灰霉病和花腐病。6—7月重点做好褐斑病的防治，可选用大生M-45或吡唑醚菌酯防治。虫害主要有叶蝉和介壳虫，可选用虼啉或噻虫嗪等防治。

（7）适时采收。我国猕猴桃采收指标为可溶性固形物含量6.5%，达到这个标准的猕猴桃即可采收。“红阳”在浙江一般8月下旬成熟，“徐香”在9月下旬成熟，“金艳”在10月上旬成熟。

二、大豆

（1）品种选择。猕猴桃园套种以中熟鲜食大豆品种为宜，可选择“台75”“浙鲜豆3号”等品种，茎秆粗壮，荚宽粒大、鲜荚产量高，生育期80~90天。

（2）播种。大豆对土质要求不高，以土层深厚、排水良好、富有机质的中性或微酸性土壤为好，与猕猴桃要求的土壤类似。套种宜在4月下旬至5月中旬进行直播。播种前20天，在猕猴桃畦面上距主干60厘米外的范围施入基肥，每亩施腐熟有机肥500千克加钙镁磷肥20千克，再按纵向整2条宽约1.2米的种植带。选用大小整齐、饱满、颜色一致的种子，播种前将晒种1~2天，按25厘米×40厘米的株行距直播，每种植带播3行，每穴播2~3粒，亩用种量3.5~5千克。

（3）苗期管理。豆苗出齐后要及时间苗和补苗，防止拥挤或缺株。在植株未封行前中耕除草2次，并进行培土，以促根系生长。

(4) 肥水管理。猕猴桃园较肥沃，但在大豆幼苗初期，根部还未形成根瘤时，结合中耕除草仍要追施少量苗肥，每亩施三元复合肥 10 千克。开花前或盛花期可喷施 0.3%的钼酸铵混合液或 0.2%的磷酸二氢钾 1~2 次。大豆既需水又怕涝，与猕猴桃水分管理相类似，重点是开花结荚鼓籽期不能缺水。

(5) 病虫害防治。大豆病虫害较少，病害主要有锈病、立枯病等，虫害主要有蚜虫、蓟马和豆荚螟等，可结合猕猴桃病虫害防治，加入对口、兼治的药剂，一般不需单独防治。

(6) 采收。7 月下旬至 8 月中旬，大豆籽粒丰硕饱满、豆荚鲜绿色时为采收适期，采收过早或过晚均会影响产量及品质。鲜豆荚采收后将茎秆叶片还田覆盖于猕猴桃畦面，有很好的降温保湿效果。

执笔：遂昌县农业局果蔬管理站　鲍金平

浙江省农业技术推广中心　张　林

葡萄园套种鲜食蚕豆模式

基本概况

近年来葡萄生产发展较快，全省面积40多万亩，产量80万吨。葡萄夏秋生长茂盛，而冬天落叶、剪枝，土地空闲空间较大，时间较长，给套种冬季农作物创造了良好条件。葡萄园套种鲜食蚕豆，在不影响葡萄正常生长的情况下，充分利用了葡萄园冬春季空闲时间和空间，增收了一季蚕豆，提高果农收入，而且蚕豆作为固氮作物，可以提高土壤肥力，茎叶还田后可提高土壤有机质，促进葡萄更好生长，因此是一种扩粮、增效、培肥土壤的可持续模式，目前已在全省推广，应用前景广阔。

产量效益

一般正常投产葡萄园亩产葡萄1 500千克左右（品种不同，产量有差异），产值10 000元，净利4 000元；鲜食蚕豆亩产鲜荚500千克，产值2 000元，净利1 200元，两项合计亩净利5 200元

作物	产量(千克/亩)	产值(元/亩)	净利润(元/亩)
蚕豆	500	2 000	1 200
葡萄	1 500	10 000	4 000
合计		12 000	5 200

葡萄园套种蚕豆

葡萄园蚕豆长势

茬口安排

蚕豆按正常时间播种，一般在10月中下旬，浙南在4月中旬开始收获，浙中和浙北在5月初采收。大棚葡萄园套种则可提前上市。

作物	播栽期	收获期
蚕豆	10月中下旬	4月中旬到5月初
葡萄	多年生	8—9月

关键技术

一、蚕豆栽培技术

(1) 选用良种。选用“慈蚕一号”“双绿5号”等鲜食型蚕豆品种，其荚型较大，三粒以上荚比例高，而且品质优、商品性好、市场畅销。

(2) 适时早播、合理稀植。葡萄以避雨棚栽培为主，套种蚕豆不易受低温冻害，可适时早播，促进早熟、早上市。适宜播种期为10月下旬。按畦两边种植两行蚕豆，穴距30~35厘米，每亩1 000穴左右，每穴播1粒种子。

(3) 增施有机肥、配施磷钾肥。结合葡萄冬季松土施肥，亩施有机肥1 500~2 000千克。蚕豆出苗后每亩施复合肥15~20千克，6~7叶期每亩施复合肥25~30千克。蚕豆打顶摘心后，每亩施尿素10~15千克。在蚕豆花前、花后结合防病治虫叶面喷施硼、钼肥和磷酸二氢钾2~3次。

(4) 及时摘心抹芽，培育健壮有效分枝。第一次摘心在4~5叶期，摘除主茎生长点，控制顶端优势，促使分枝早发。第二次摘心在3月中下旬蚕豆结荚初期进行，每个分枝留6~7个花节，摘除分枝顶端。

(5) 加强病虫的无害化治理。蚕豆的主要病害有根腐病、赤斑病、锈病和潜叶蝇、蚜虫等。避雨棚栽培，病害相对较轻，要注意在翌年3月中下旬至4月上旬及时进行病害检查，若发现上述病情，及时选用对口农药进行防治，连喷2~3次。

二、葡萄管理技术措施

(1) 重施基肥。10月底至11月，以有机肥为主，在树两侧距树干60~80厘米处开条沟施入，与土拌匀后将沟填平。一般每亩施畜禽肥1.5~2吨或商品有机肥1吨，加硼砂、硫酸锌、硫酸镁各2千克，生石灰50~75千克。

(2) 抓好冬季修剪、清园工作。12月至次年2月中旬，欧美杂交种5~7芽中梢修剪为主结合短梢修剪，欧亚种以8~10芽长梢修剪为主结合短梢修剪。剪除病虫枝蔓、病穗，清理出果园，统一处理，喷布5波美度石硫合剂。萌芽前20~30天，用5~7倍石灰氮浸出液或20倍朵美滋液或12倍涂芽灵液涂结果母枝，剪口2个芽不涂，可有效解决南方冬季低温不够，发芽不整齐造成开花不整齐的问题。

(3) 加强萌芽期和谢花期管理。

芽绒球期：用强力清园剂（浓度：25毫升/桶）或5波美度石硫合剂有效防治黑痘病和越冬病虫害。

展叶期（2叶1心期）：萌芽后至3~4厘米时，每3~5天分期分批抹去多余芽，抹除双芽、多芽、背后芽，用联苯菊酯防治绿盲蝽。

定梢：见花序或5叶1心期后陆续抹除多余的梢。新梢长至40厘米左右时选花穗大的梢按15~25厘米等距离定梢绑缚在钢丝上。定梢原则：结果枝与营养枝比例，无核处理的为（1~1.5）:1，有籽栽培的为3:1。

8~10叶期：重点防治穗轴褐枯病兼防灰霉病，用70%甲基托布津或霉能灵800倍液等防治。花序分离期进行整穗和疏蕾。欧美杂交种：花前3~5天整穗。有籽栽培花序留穗尖10厘米，每个支穗保留10粒花蕾。无核化处理的花序留穗尖4~7厘米。欧亚种：花前5~7天掐穗尖和除副穗。大穗掐去1/3~1/2副穗，去穗尖，除基部数个小穗轴，保留支穗11至15个左右；中花穗掐去1/3，只去副穗。

摘心：新梢长至12叶时摘心。侧副梢留1叶绝后摘心，顶副梢留4叶连续摘心。欧美杂交种有籽栽培时，在花序上5~6叶摘心，易日灼品种侧副梢留1~2叶绝后摘心，花序下副梢去除；长势旺不易日灼品种，花序上下侧副梢全去除，留顶副梢4叶连续摘心。

花序分离至初花期：花前至初花期喷农利灵800倍液或50%速克灵600倍+硼砂1000倍液防治灰霉病。欧美杂交种初花期对新梢摘心保果。

谢花至幼果期：花后（落花期）喷施佳乐1 000倍+磷酸二氢钾500倍+20%氰戊菊酯乳剂3 000倍液防灰霉病、透翅蛾等；夏黑等三倍体品种GA3处理（30~50毫克/升），早甜、醉金香、先锋等无核化品种第一次处理（GA3处理12.5~25毫克/升），亩施复合肥10千克、尿素5千克。

执笔：松阳县农业局　周炎生

浙江省农业技术推广中心　吴早贵

葡萄园套种榨菜模式

基本概况

葡萄是藤本落叶果树，一般采用棚架式栽培，植株间距宽，棚下空间大，秋冬季葡萄落叶后，棚架下的光照条件良好。利用葡萄休眠期在葡萄园内套种一季榨菜，不但可以有效提高土地利用率，增加农民收入，而且榨菜采收后的老叶翻入土中，又能提高土壤有机质含量，有利于葡萄生长，具有良好的经济、社会、生态效益。该模式已在上虞、余姚等葡萄产区大面积推广，如上虞盖北镇，常年葡萄种植约1.2万亩，其中葡萄架下套种榨菜面积约9 500亩，占比近80%。

产量效益

正常投产的葡萄，平均亩产量2 250千克左右，产值8 000元，净利润5 000元；榨菜平均亩产3 500千克，产值2 450元，净利润1 050元，两项合计亩净利6 500元。

作物	产量(千克/亩)	产值(元/亩)	净利润(元/亩)
榨菜	3 500	2 450	1 050
葡萄	2 250	8 000	5 000
合计		10 450	6 500

葡萄园套种榨菜

茬口安排

葡萄采用避雨栽培的，一般在3月中旬萌芽，8—10月果实采收，10—11月叶片脱落。榨菜的播种期为9月下旬至10月上旬，定植期为11月上中旬，翌年3月下旬至4月上旬收获。榨菜在葡萄架下的生长时间正好是葡萄的休眠期，榨菜定植时，葡萄已经落叶，来年葡萄展叶前，榨菜已经收获，两种作物互不影响。

作物	播种期	定植(移栽)期	采收期
榨菜	9月下旬至10月上旬	11月上中旬	3月下旬至4月上旬
葡萄	多年生		8—10月

关键技术

一、榨菜栽培技术要点

(1) 品种选择。榨菜品种宜选择“余缩一号”“甬榨5号”“甬榨2号”等。

(2) 种植密度。每亩栽15 000株左右，行距24厘米，株距12厘米。

(3) 肥水管理。

① 前期管理（11月上旬至1月中旬）：移栽后结合浇定根水施好活棵肥；第一次追肥在移栽5~7天成活后，每亩用4~5千克尿素加水1 000千克浇施。返苗后，每亩大田用60%丁草胺乳剂100~125毫升，或用乙草胺50~75毫升加水50千克喷洒畦面，进行芽前除草。冬前如遇长期干旱，可采取沟灌水1次，水深以半沟水为宜。

② 中期管理（1月中旬至2月上旬）：在1月下旬进行第二次追肥，每亩用优质三元复合肥25~30千克加水1 500千克浇施。根据气候情况，及时做好清沟排水防渍工作，同时清除沟边杂草。结合清沟进行畦面培土、盖草。

③ 后期管理（2月上旬至4月上旬）：一是追施重肥，2月下旬每亩用优质三元复合肥30千克加硫酸钾10千克对水1 500~2 000千克浇施。二是清沟排水，开春后气温逐渐上升，如遇多雨天气，田间湿度过大，必须及时做好清沟排水工作。

(4) 适期采收。在植株现蕾时要及时收割。一般4月初始收，至4月15日左右结束。采收过迟，外皮老、纤维多、空心率高。

(5) 病虫害防治。种子处理可采用10%磷酸三钠溶液浸种10分钟，然后清洗10遍，晾干后播种。病毒病用20%病毒A800倍液等防治；软腐病用70%农用链霉素3 000~4 000倍液或70%代森锰锌可湿性粉剂500倍液防治；霜霉病用50%多菌灵600倍液或72%杜邦克露750倍液防治。蚜虫用20%好年冬乳油1 500~2 000倍液或10%一遍净3 000倍液或10%蚜虱净3 000倍液防治；小菜蛾用5%抑太保乳油800倍液或

5%锐劲特悬浮剂 1 500 倍液防治；黄曲条跳甲用 50%辛硫磷乳油 1 000 倍液或 0.3%印楝乳油 1 000 倍液防治。

二、葡萄栽培技术要点

(1) 架式选择。葡萄架下套种榨菜，要求有开阔的空间和充足的光照，因此采用棚架形式较为适宜。传统上一般采用自然型棚架栽培，近年来，部分果园开始尝试“H”型棚架栽培，这种架式具有技术简单、省工、标准化程度高、果实品质好等优点，应用前景良好，推荐采用。

(2) 苗期管理。定植前施足底肥，苗期薄肥勤施，待苗长至距架面 20 厘米时摘心，顶部留 2 条副梢引向畦两侧，待其长约 1 米时再摘心，顶部再留 2 条副梢，与之垂直引向两侧，定型后主蔓在架面上呈“H”形。

(3) 冬季修剪。在主蔓上每隔 20~25 厘米保留一个结果母枝，留 1~2 芽修剪，次年留 2 个芽的结果母枝在芽萌后，如果近基部的芽萌发枝条上面没有花序，则去掉这个枝条，保留另外一个有花序的枝条；如果近基部枝条上面有花序，则保留这个枝条，去掉远端一个枝条。到冬季继续在结果母枝基部留 1~2 个芽短截。如此反复修剪 3~4 年后，重新从主蔓上选留新结果母枝，并将老的结果母枝自基部全部疏除。以后每 3~4 年更新一次新的结果母枝，而呈“H”形的主干及主蔓通常情况下一直保留。

(4) 夏季修剪。葡萄萌芽后先抹除双芽、三芽、萌蘖芽，每个结果母枝上只保留一个健壮的结果枝。待结果枝生长到花序上有 2 叶 1 心时，留 1 叶摘心，此后顶芽副梢按 5-4-3 叶摘心，花序下的侧芽副梢全部抹除，花序上的侧芽副梢留 1 叶摘心。当结果枝蔓长出 8 片叶后将结果枝蔓垂直侧主蔓绑缚在平棚架面上，控制内外侧结果枝蔓长度，使相对的结果枝蔓接近碰头但不重叠。及时清除结果枝上的卷须。

(5) 花果管理。为了控制树势和保证品质，应适时疏花疏果。疏花应根据葡萄品种而定，欧美杂交种葡萄在开花前 3~5 天掐穗尖和除副穗，有籽品种花序留穗尖 10 厘

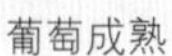

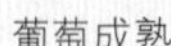
葡萄成熟

榨菜生长期葡萄处于休眠期

米，每个支穗保留 10 粒花蕾，无核化处理的花序留穗尖 4~7 厘米；每个结果枝上都会有 1~2 个花序坐果，每枝保留 1 穗果，亩留果量 1 500~2 500 穗。

（6）肥水管理。成年树做好基肥和追肥的施用，果实采收后及时施基肥，以腐熟有机肥或商品有机肥为主，在树干一侧 80 厘米处开沟条施，将肥料与土混匀施入，配合灌水，第二年在另一测施肥；追肥包括萌芽肥、稳果肥、壮果肥等，可以开沟条施，也可使用水溶性肥结合灌水一同施入，使用配方复合肥。

（7）病虫害防治。坚持预防为主、综合防治原则。葡萄整枝后及萌芽前喷布两次石硫合剂清园，喷药时用塑料薄膜盖好榨菜，防止药害。病害多发季节用 78%波尔·锰锌可湿性粉剂 600 倍液或 80%波尔多液可湿性粉剂 400 倍液预防性用药；发病初期炭疽病用 25%溴菌腈可湿性粉剂 700 倍液，45%咪鲜胺水乳剂 1 500 倍液；灰霉病用 40%嘧霉胺悬浮剂 600~1 000 倍液，50%腐霉利可湿性粉剂 1 500 倍液；白粉病用三唑酮可湿性粉剂 2 000 倍液；霜霉病用 50%烯酰吗啉可湿性粉剂 2 500 倍液，69%安克猛锌可湿性粉剂 550~750 倍液防治。用 10%氯氰菊酯乳油 2 000 倍液防治蚜虫类。

执笔：绍兴市上虞区农业技术推广中心　黄新灿　俞镇浩

桑园套种雪里蕻模式

基本概况

近年来，蚕桑产业形势低迷，养蚕效益下滑，为了提高桑园亩产效益和稳定蚕桑生产，临安等蚕区探索出的“桑园/雪里蕻”高效栽培模式，通过桑园套种雪里蕻，既能改善土壤结构，增加土壤有机质含量，又能充分利用冬季桑园空闲资源，提高土地产出率和经济效益，促进农民增收。目前，该模式主要在杭州、嘉兴、湖州等蚕区推广应用。

产量效益

通过对核心基地调查，亩产雪里蕻鲜叶达到3 600千克，可以制雪里蕻干300千克以上，按近几年平均收购价12元/千克来计算，实现亩产值3 600元。通过减少对桑树农药化肥使用和改良土壤提高桑叶产量每亩增效200元，累计每亩可增效3 800元。

作物	产量(千克/亩)	产值(元/亩)	净利润(元/亩)
雪里蕻干	300	3 600	3 300
蚕茧	125	4 500	3 500
合计		8 100	6 800

注：雪里蕻净利润包括腌制加工增值，同时未计自投劳力。

桑园套种雪里蕻

茬口安排

雪里蕻9月下旬进行播种育苗，10月中下旬移栽至桑园，翌年3月中下旬收获。桑园从4月下旬开始采叶养蚕，10月中旬养蚕结束。

作物	播植(移栽)期	采收期
雪里蕻	9月下旬育苗，10月下旬移栽入园	翌年3月下旬抽苔后采收加工
蚕茧	4月底5月初采桑养蚕	10月下旬养蚕结束

关键技术

一、品种选择

根据蚕桑生产季节、雪里蕻的生长特性结合商品需求，适宜冬闲桑园套种的雪里蕻品种有“甬雪3号”和“秀溪1号”。

二、精细育苗

选择土壤疏松肥沃，排水良好的桑地作为育苗苗床，一般秧本田比为1:10左右。每亩用复合肥30千克，人粪及畜禽沼液1 000千克作底肥。土地平整后，进行土壤杀虫处理。在9月下旬适时进行播种育苗，播后盖草木灰，最好盖草保持土壤湿润，待到80%发芽时，揭去遮盖物。待苗长至2片真叶时进行删苗，必要时待苗长至3至4叶时进行第二次删苗，以确保秧苗健壮。期间追施淡人粪尿或1%尿素稀释液1次。

做好苗期的锄草治虫工作，及时拔除杂草，用一遍净3 000倍液、锐劲特2 000倍液、乐斯本1 500倍液等喷雾防治苗期虫害，整个苗期喷药2~3次。如遇多雨天气应及时喷施75%百菌清800~1 000倍液防病。待苗长至10~15厘米高、5~6片叶子时，挑选壮苗移栽入园。

三、大田管理

10月下旬移栽到桑园，移栽时要施足底肥，每亩施猪栏肥2 000千克加复合肥25千克，或亩施过磷酸钙40千克、碳铵40千克和复合肥40千克，在翻耕前施下。移栽时在两行桑树之间种植一行雪里蕻，每亩种植密度在1 200株左右。种后浇好定根水。追肥要求在年内年外各施两次，年内第一次在栽种后20~30天，第二次在年底前。每亩用尿素5~7.5千克加过磷酸钙12~15千克，加水15~20担浇施。年外肥，在雨水前、后（2月中旬）亩施复合肥15千克，确保雪里蕻棵型大，产量高。

四、适时采收

收获时间，早熟品种在次年3月中旬雪里蕻开始抽苔时收割。选择晴天采收，采后直接放在桑地摊晒，待叶子干瘪后再进行清洗和腌制加工处理。中迟熟品种按此标准适时采收处理。

雪里蕻从生长、收获到干成品

五、套种桑园管理技术

桑园套种可以让时间和空间得到充分利用，在桑园管理上做到合理养蚕布局，确保种菜、养蚕两不误。在低产老桑园改造或新建桑园时可适当降低桑树栽植密度。“强桑 1 号”密度以 750~800 株/亩为宜。要在晚秋蚕结束后，适时剪梢、整枝、清洁桑园，及时进行桑园翻土，采用中耕机进行耕地，以提高作业效率和耕作效果。同时做好桑园病虫害的防治工作。根据雪里蕻种植技术要求加强管理，在春季要加强桑园清沟排水工作，防止渍害影响。

执笔：临安市农林技术推广中心　梅洪飞

浙江省农业技术推广中心　董久鸣

桑园套种榨菜模式

基本概况

嘉兴地处浙北，是江南鱼米之乡、丝绸之府，现有桑园面积近30万亩。榨菜也是嘉兴特别是桐乡和海宁的特色产业，在长期的生产过程中，探索形成了桑园套种榨菜高效模式。该模式利用桑园冬季空闲时间种植榨菜，提高了土地利用率和产出率，经济效益明显，成为具有明显地方特色的生产模式。

产量效益

据调查，一般每亩桑园可产鲜榨菜4 000千克，产值2 000元，净利1 500元，结合传统养蚕，每亩净利达5 300元，比原来只养蚕增效40%。

作物	产量(千克/亩)	产值(元/亩)	净利润(元/亩)
蚕茧	145	5 500	3 800
榨菜	4 000	2 000	1 500
合计		7 500	5 300

桑园套种榨菜

榨菜收获和腌渍

茬口安排

榨菜在9月底10月初播种育苗，11月初移栽入桑园，翌年3月底至4月上中旬收割上市。养蚕按常规时间进行安排。

作物	生产期	采收期
蚕茧	4月底、9月底	5月底、10月底
榨菜	11月初移栽	翌年3月底至4月上中旬

关键技术

一、苗床准备

苗床选择土壤肥沃，邻作和前作为非十字花科作物，富含腐殖质、近水源、排灌方便的地块，结合整地施好基肥；播前选用药剂防治地下害虫。严禁使用呋喃丹等高毒、高残留农药。

二、播种育苗

9月底至10月初，可按照定植情况采用分期分批播种，也可在桑园直播。播后覆细土，出苗前保持苗床潮湿；2叶期至3叶期可进行适时间苗，株距3厘米，间苗后视生长情况及土地肥力追肥1~2次腐熟稀释人粪尿。定植前应施好起身肥，做到带肥、带药、带土定植，苗龄30~40天，4~6片绿叶，无病毒感染，根系发达。

三、及时移栽

套种榨菜的桑园亩栽750~1 000株，养成形式以中、低干为宜。在晚秋养蚕结束后，及时清园、打好关门虫，做好整枝修拳、束枝等工作。结合桑园冬耕、冬垦，施好腐熟有机肥，同时做好开沟工作。

移栽时间以10月底至11月下旬为宜，过迟则易受冻害。种植密度根据桑园畦宽，株行距（12~13）厘米×（25~28）厘米，每亩种植1.5万~1.6万株。定植沟内均匀施肥，植后浇足定根水。

四、大田管理

(1) 施肥。追肥分四次进行。分别在当年 12 月初，次年 1 月中旬，2 月中下旬和 3 月初。施肥时间以采收前 25 天为界，否则会影响榨菜的品质及加工质量。

(2) 水分管理。秋旱严重的年份，移栽期和移栽后就要灌水抗旱，促进根系生长，提高成活率。春季雨水较多，应提早疏通沟渠，降低地下水位，提高土温，促进早发，也有利于桑树生长。同时可减轻软腐病发生和降低空心率。

(3) 主要病虫害防治

蚜虫：定植出苗后，待幼苗长出真叶后即开始防治，移栽前再防治一次。有条件则可采用防虫网育苗，可有效杜绝蚜虫，减轻病毒病危害。

黑斑病、软腐病：立春后气温回升，雨水较多，应及时疏通沟渠，降低地下水位，减少尿素用量，增施磷钾肥，杜绝偏施氮肥。

病毒病：苗地应远离其他十字花科（萝卜、白菜等），适期播种，适当密播，苗床应保持湿润，有条件可采用防虫网育苗，采用轮作，以利彻底防治蚜虫。

五、采收

(1) 采收时间。一般在 3 月底至 4 月中旬，此时叶片略由绿转黄，成熟度适中，苔高 5~10 厘米，微现蕾。采收时桑树都已发芽，要及时采收，避免弄伤桑芽，影响桑叶的产量。采收不宜过早和过迟。

(2) 外观要求。选择晴天收割，剔除污泥，削去根叶、苔心。产品形态正常，个体均匀，表面瘤体圆浑，外观洁净，色泽良好，无腐烂、霉变、异味，无虫害及机械损伤，并分级存放、投售。

六、采收后的桑园管理

采收后的残叶，要及时均匀地覆盖在桑地上，既可增加土地肥力，又增加了地温，减少杂草生长。同时，套种榨菜的桑园也可少施一次肥料，可降低肥料成本 40%，桑园长势和春叶产量比不套种的桑园增产 30%左右。

执笔：桐乡市农业经济局 吴纯清

浙江省农业技术推广中心 潘美良

桑园套种黑木耳模式

基本概况

黑木耳是主要食用菌品种，市场行情好，经济效益高。近年来，开化等食用菌主产地示范推广了桑枝屑代替杂木屑桑园套种黑木耳技术模式，既丰富了黑木耳生产原料，又将废弃的桑枝条变废为宝；同时，在蚕园中套种黑木耳，提高了土地利用率，创新了农作制度。该项模式全年季节衔接紧凑，资源循环利用，菌渣直接还桑，社会、经济、生态效益显著。

产量效益

据调查，每亩桑园养春蚕 1.5 张，收蚕茧 55 千克，产值 2 420 元；养中秋蚕 1 张，收蚕茧 35 千克，产值 1 540 元。每亩桑园地排放黑木耳菌棒 4 000 棒，收干黑木耳 300 千克，产值 18 000 元，两项合计每亩桑园毛收入 21 960 元，净收入 11 900 元。

作物	产量(千克/亩)	产值(元/亩)	净利润(元/亩)
春蚕	50	2 420	1 690
中秋蚕	35	1 540	1 010
黑木耳	300	18 000	9 200
合计		21 960	11 900

桑园套种黑木耳

茬口安排

桑园地套种黑木耳茬口安排要合理，桑园管理、蚕茧饲养、耳棒制作、脱袋排场、出耳管理、采收制干等各环节衔接要及时。一般在7月下旬开始制作黑木耳菌棒，8月中旬前制棒结束，10月中旬菌棒脱袋排场，11月初至翌年4月上旬前出耳管理、采收、制干。

作物	播植期	采收期
春蚕	4月下旬	6月初
中秋蚕	8月下旬	10月初
黑木耳	7月上旬至8月中旬	11月初至翌年4月上旬

关键技术

一、桑园管理、养蚕关键环节

（1）桑园管理关键环节。2月上中旬剪梢。3月下旬施第一次春肥，4月初摘顶(芯)，防止徒长，促使桑叶肥厚，4月下旬施第二次春肥。6月初伐条，将伐下的桑枝晒干备用，并施第一次夏肥。7月初撇去小枝条，留6~7根健壮的枝条，并施第二次夏肥。9月上旬施秋肥。6月下旬、7月下旬和8月下旬，以防治桑螟和桑瘿蚊为重点，做好桑园病虫害防治。8—9月注意抗旱。

（2）养蚕管理关键环节。3月份到4月，做好养蚕前准备。4月下旬到5月下旬，养好春蚕；8月中旬到9月上旬，养好中秋蚕。每次养蚕前半个月，做好养蚕前蚕室蚕具消毒，蚕茧采收后，做好养蚕后的回山消毒。养蚕过程中，把握三个关键环节：一是养好小蚕。做好小蚕饲养的保温保湿，眠起处理，给桑饲养和蚕体蚕座消毒。二是养好大蚕。做好大蚕的通风换气、良桑饱食，蚕病防治。三是做好熟蚕上蔟及蔟中管理，重点推广方格蔟上蔟技术。

二、黑木耳生产管理关键环节

（1）桑枝条粉碎。桑枝条韧性强，要用桑枝条专用粉碎机粉碎。春蚕结束修剪下来的桑枝条在没有完全干燥的情况下更易粉碎。

（2）制棒。按黑木耳配方，把30%的桑枝屑代替杂木屑拌入料中，充分拌匀，用15厘米×55厘米×0.045厘米规格的低压聚乙烯袋机器装袋制棒。装袋要紧实，料与袋壁无空隙；防止菌袋拉薄、磨损、刺破，做到轻拿轻放，不能有破袋和孔眼产生。每棒湿重一般在1.45~1.55千克，棒长42~43厘米。标准的松紧度，应以成年人手抓料袋，五指用中等力捏住，袋面呈微凹痕印为宜。太紧容易破袋，过松菌棒容易脱壁，

大蚕饲养和方格结茧

影响产量。装袋时间不能过长，以防料酸化，拌料后至装袋完毕的时间不超过 6 小时，做到当天拌料当天装袋灭菌，忌堆积过夜。

（3）灭菌。装灶排放要留有空隙，数量 6 000~8 000 袋较好。采用铁皮灶、塑料薄膜灶等进行常压灭菌，升温灭菌做到“攻头、保尾、控中间”。猛火攻头，争取 5 小时内升温到 100℃以上，当温度达到 100℃时保持 18~20 小时，具体灭菌时间视菌棒数量而定。

（4）冷却。事先采用生石灰、硫磺或漂白粉对冷却场地空间及地面进行杀虫、消毒，禁止用农药杀虫。灭菌结束后待灶内温度自然降到 60~70℃时趁热出灶，将菌棒移入冷却场。若温度高于 80℃出灶容易发生胀袋。出灶过程中做到轻拿轻放，搬运工具内垫麻袋或编织袋，防止刺破菌袋。

（5）接种。接种前把接种箱或接种室用甲醛或气雾消毒后，进行空间消毒。待料温降至 28℃以下，根据不同的接种方式，采取不同的组合。接种箱接种 2 人一个组合。接种室采用 4 人一组，递菌袋、打孔、放菌种、封口各 1 人流水作业。每袋接 3~4 穴，孔穴直径 1.5 厘米，深 1.5~2 厘米。用经酒精消毒的手把菌种掰成长条小块塞入孔穴，菌种微高出穴面。采用套袋封口，为降低成本，也可用裁成 3.5 厘米×4.5 厘米大小的地膜用胶水粘贴封口。若采用套袋封口，则套袋需经事先灭菌，在接种后套入。

（6）发菌。发菌场地要求阴凉、通风、干燥、光线暗，并提前 2 天用硫磺薰蒸或用 5%的苯酚（或过氧乙酸）喷洒进行杀虫和空间消毒，适时通风换气，待药剂的气味散发后，移入接种后的菌袋。

（7）排场。10 月初，在秋蚕结束的蚕桑地里，利用桑树行距的空间，直架两根铁丝，高约 25 厘米，每隔 2 米树一个木桩把铁丝拉直固定。然后，把已通过刺孔、催耳的耳棒两边斜靠在铁丝上，地面成 60°斜角，每亩桑地排放 4 000 棒左右。有条件的可以提前 15 天刺孔，在养菌场地进行催耳。待耳基形成后再排场，可以缩短排场后的催

本页图：桑枝粉碎代替部分木屑

耳时间，提高秋冬耳的比例。采收结束把菌渣作肥料施入桑园地中，为下年桑树生长提供养分。

（8）出耳。菌棒刺孔耳芽形成，并长出袋孔，即可进行正常的水分管理，创造“干干湿湿”的生长环境。桑园套栽黑木耳的出耳管理大致分为耳基分化期、幼耳期、成长期三个阶段 。

出耳的温度、湿度是影响袋栽黑木耳产量和质量的主要因素。出耳适宜温度为15~21℃，高于28℃时容易流耳、烂耳。温度较高时可通过喷水降温并保持耳片湿润。温度高于25℃时，宜选择在早、晚喷水；温度在20℃以下时，一般选择中午前后喷水。水分管理必须采取“干干湿湿”原则，排场后3~4天，采用喷雾调控基质和空间湿度。根据天气情况和朵形大小喷水，幼耳期应少喷轻喷，耳片长大成熟时，喷水量相应增大，阴雨天和后期可以少喷水或不喷水，并加强光照，以防湿度过大，造成烂耳。

（9）晾干。当耳片八、九分成熟时即可采摘，采收前2~3天要停止喷水，否则耳片过于膨胀，采收时容易造成流耳，影响质量。超过成熟期采摘，易造成烂耳，并对后几潮木耳的产量和质量有直接影响。采下的耳片要求清洁没有杂物，丛生的朵要按耳片形状将其分开，然后晾（晒）干，以提高商品价值。

执笔：开化县农业科学研究所　余维良　陆久忠
浙江省农业技术推广中心　俞燎远

茶树与杜瓜立体栽培模式

基本概况

茶树属山茶科山茶属，为多年生常绿木本植物，一般为灌木。喜光耐阴，尤其在漫射光下生长的茶叶品质优良。杜瓜，为葫芦科多年生草质藤本植物，是一种名贵的中药材，具有清肺、化痰、止渴、润肠等功效，皮、籽、根均可入药。实行茶树、杜瓜立体栽培，棚面阳光充足杜瓜生长良好，棚下漫射光有利于茶叶生长并促进茶叶芳香物质合成，两种作物相得益彰。一方面提高了茶叶和杜瓜产品品质，另一方面大大提高单位土地利用率和茶园经济效益，同时在杜瓜收获后的10月中下旬，杜瓜藤蔓秸秆还田，对茶园保肥保水保温起到良好效果，可谓一举多得。

产量效益

建园后第三年茶园即可投产，每亩可收获茶青20千克，产值4 000元，净利2 500元，可收获杜瓜籽100千克，产值3 000元，净利2 500元，茶与杜瓜每亩合计产值7 000元，净利5 000元。茶园成龄后每亩可产茶青38千克，产值6 100元，净利4 000元。

作物	产量(千克/亩)	产值(元/亩)	净利润(元/亩)
茶叶	25千克(茶青,第3年)	4 000	2 500
杜瓜	100千克(瓜籽)	3 000	2 500
合计		7 000	5 000

茶树与杜瓜立体栽培

早春采摘名优茶和杜瓜成熟

茬口安排

2月中下旬至3月上旬或11月栽种茶叶，3月下旬至4月上旬选择无病虫害的杜瓜块根栽种，按雌雄株10:1搭配，5月搭好杜瓜棚架，5—6月引杜瓜藤上架，7—8月做好杜瓜人工引蔓，同时做好茶叶、杜瓜病虫防治肥培管理工作。2—5月及时收获春茶，9—10月杜瓜成熟采收。杜瓜采收后藤蔓桔杆还田，10月下旬茶园封园。

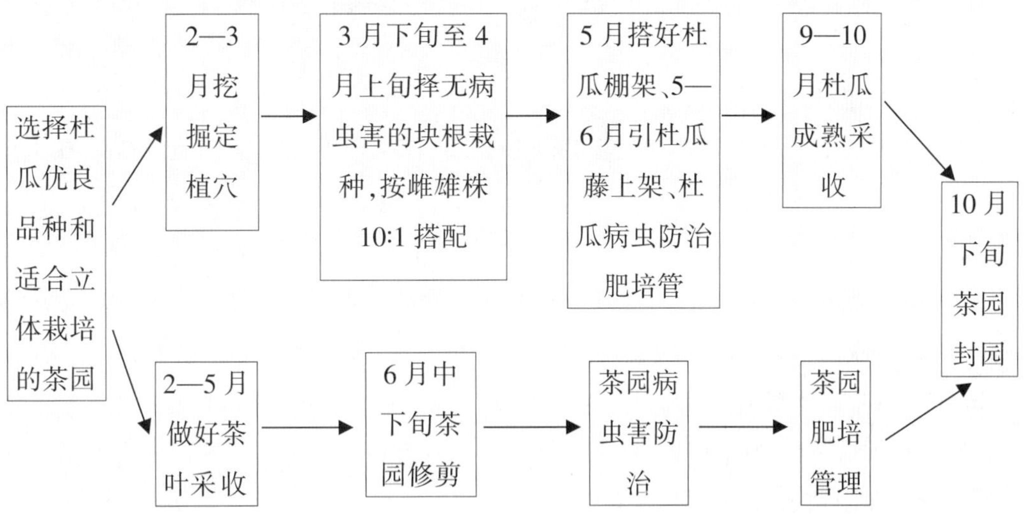

关键技术

一、品种选择

产籽杜瓜应选择结瓜多、瓜大、籽多、粒重、抗病强、产量高的杜瓜品种，如“浙杜6号”。茶树宜选择白化类品种，如“白叶一号”“黄金芽”“缙云黄茶”“天台黄茶”等。

丽水莲都区生产基地

二、竖柱搭棚

用水泥柱、竹杆和铁丝搭架，棚柱间距3米、高1.8米左右。棚面张疏眼塑料丝网，棚架要牢固、面平。

三、定植

老茶园中套种杜瓜，则每隔三畦茶行开一行杜瓜植穴，植穴处先挖去1米见方的茶树。新建茶园，则按田作畦，每畦1.5米，每隔三畦开一畦种植穴，穴深50厘米，宽50厘米，并施足基肥，亩施栏肥等机肥1 500~2 000千克，杜瓜植穴加施0.5千克复合肥。杜瓜亩栽种20~30株，在3月下旬至4月上旬选择无病虫害的块根，按雌雄株比10:1搭配，切成长10厘米左右的小段，开穴平埋，用松泥覆盖5~7厘米，根据土壤湿度适量浇水。茶叶亩栽2 500株，在间隔的三畦中开沟种植茶叶，每畦二行。

四、茶树管理

茶树栽培管理措施与一般茶园类似，要特别重视通过肥水管理来增强茶树的抗性，保持茶园无杂草，适时防治病虫害。春茶开采前3周每亩施20千克尿素作为催芽肥，9月下旬每亩施50千克复合肥，冬施有机肥2 000千克。茶与杜瓜立体栽培茶叶将提前3~4天开采，春茶要及时收获。春茶收获结束后修剪，夏秋留养。6月上旬修剪结束后用联苯菊酯2.5%乳油（天王星）1 500倍液喷雾，防治小绿叶蝉等害虫，11月下旬以0.5波美度石硫合剂封园。

五、杜瓜管理

4 月下旬杜瓜出苗后要加强小苗培育，及时松土除草，轻施薄肥。每株选留最健壮的 2~3 个主茎，主茎长到 2 米时及时打顶。随着杜瓜藤蔓生长，人工引蔓，使藤蔓生长分布均匀，并进行适当修剪，剪密留疏，剪细留强，使杜瓜藤蔓在棚顶形成 30%~40%的遮荫率。

炭疽病和蔓枯病是杜瓜的主要病害，发生早传播快，危害重者造成落花落果，烂藤烂果。苗期可用 50%多菌灵可湿性粉剂 500 倍液喷雾。坐果期可用 75%百菌清 800 倍液防治。如发现青虫等虫害可用苏云金杆菌 800~1 000 倍液喷雾。8—9 月每株施复合肥 0.5 千克两次。10 月中下旬杜瓜进入成熟期，瓜皮桔红色以示杜瓜充分成熟，即可采摘，做到成熟一批采一批。采摘后破开瓜皮挤出里面瓜籽，不需淘洗，瓜籽晒干后收藏出售，瓜皮也可作药材销售。杜瓜收获结束后，藤蔓干枯，要及时清理还田，病虫藤蔓要集中烧灰。栽培二年以上的杜瓜，基肥宜在寒冬前或次年块根发芽前施入。冬季培土壅根，根周铺草防冻。

执笔：莲都区农业局　王碧林

浙江省农业技术推广中心　俞燎远

茶柿立体复合种植模式

基本概况

茶柿立体复合种植模式充分利用温、光、水、土等自然资源，通过在茶园套种柿树，实现茶树、柿树共生，改善茶园小气候，既增加夏秋茶经济效益，弥补了夏秋茶利用率低的缺陷，提升了茶叶和柿子的品质，增加了柿子收入，显著提高了茶园经济效益。据研究，茶柿立体复合栽培的区域，光照强度和温度都会有一定程度的降低，相对湿度会有5%以上的提高。通过柿树的立体复合栽培遮荫，能缓解茶树的“午睡现象”，有利于茶叶有机质的积累，茶叶中氨基酸、咖啡碱及纤维素等均有显著增加，酚类总量则降低，使茶叶品质得到显著提高。该模式主要分布在天台、新昌、嵊州、上虞等茶叶主产区，其中天台县推广面积达2 000余亩。

茶柿复合种植

产量效益

据调查，在茶柿立体复合栽培模式中，一般年份春茶平均每亩产量25千克（干茶，下同），每亩产值6 500元；夏秋茶收购价较低，但亩产量较高，平均每亩产量45千克，产值4 400元。柿子亩产量470千克，产值1 100元。全年总产值达到12 000元以上。

作物	产量(千克/亩)	产值(元/亩)	净利润(元/亩)
茶树	70	10 900	6 200
柿树	470	1 100	660
合计		12 000	6 860

茶柿共生

茬口安排

茶树可在2月中下旬至3月上旬或10—11月种植，第三年开春采摘。柿树种植以每年12月至翌年2月上旬为好，植后第二年定干，9月下旬至10月中旬果实成熟后采收上市。

作物	种植时期	采收期
茶树	2月中下旬至3月上旬或10—11月	种植后第三年投产
柿树	12月至翌年2月上旬	9月下旬至10月中旬

关键技术

一、基地选址

立地条件应适宜茶柿混交种植，包括海拔300~600米、年降雨量1000毫米以上、年平均气温10℃~21℃、极端温度最低不低于-15℃、坡度小于25°、山地黄红壤、pH值5~7等条件，周边环境条件较好，无污染源。

二、茶树栽种

(1) 茶苗选择。选用抗性强、适制性好、产量高的（无性系）优质良种，地径>0.3厘米、高≥20厘米的Ⅰ、Ⅱ级合格苗。品种可选用“浙农113”“龙井43”“乌牛早”等，采用前两代的较纯品种。因茶柿立体栽培对茶树光照强度有一定影响，一些光照敏感型的芽叶变异茶树新品种应慎重考虑。对于改造的老茶园，应进行品种纯化改植。

(2) 挖穴。翻耕整畦，畦宽以 1.5 米，沟以宽 0.6 米、深 0.5 米为宜。以行距 1.5 米、株距 0.25 米为宜安排布置茶行，实际可视茶园具体立地条件与经营目的进行调整。

(3) 种植。宜适当密植，条带种植，亩成活 3 000 株以上（老茶园亦可按此标准改造）。将茶苗置于种植沟，一手扶苗，一手填土，分层压实，当填土至沟一半时，轻提苗，使根系舒展伸直，再覆土至根颈处压实，防止上紧下松，使泥土与茶根紧密结合，而后浇足定根水，再覆土 2~3 厘米，并注意遮荫保湿。

幼苗期应注意适时浇水，每次应全面浇透，保持土壤湿润；夏季干旱来临之前，在茶株两旁各 0.3 米处，铺厚约 0.1 米的麦秆、稻草等覆盖物，上压碎土。若有缺株，应在建园 1 年内补株。

(4) 施肥。在栽前一个月，以腐熟的栏肥作基肥，每亩 2 500 千克，施好后加土覆盖。初夏进行第一次追肥，每亩用腐熟的人粪尿 50~100 千克或速效肥适量对水稀释后浇施，夏秋季再追肥 1~2 次。第二年开始，每年分春秋季施追肥 3~5 次，注意“少量多次”，每次用量随树龄增长逐年增加。

(5) 定型修剪。一般分三次进行。第一次定型修剪在茶苗移栽定植时进行，在离地 15~20 厘米处用整枝剪剪去主枝；第二次在栽后第二年 2 月中旬至 3 月上旬进行，在离地 30~35 厘米或在上年剪口上提高 10~15 厘米处用篱剪修剪；第三次在定植后第三年春茶采摘后，离地 45~50 厘米用修剪机修剪。茶园成年后，可每年或隔年进行一次修剪。

(6) 采收。第三年春季茶叶可进行采摘。应遵循养留结合、量质兼顾和因树制宜的原则，按各种茶类对鲜叶原料要求不同适时适量采摘，并严格把握各级鲜叶的均匀度、鲜叶盛装、运输工具、加工机械、包装器具等。

三、柿树栽种

(1) 种植。选择果型、品质均佳的品种，选用地径≥0.8 厘米、高≥70 厘米的Ⅱ级以上合格苗，按 80×80×60 厘米挖好种植穴，亩栽 10~20 株。种植时需除去柿苗嫁接处薄膜条，苗木直立放在种植穴内，填土后将苗轻轻提起使根系舒展后再把土压实，覆土不得超过嫁接口，每株浇 15 千克的定根水，再覆一层薄土。种植后 15 天内，如果连续晴天，每隔 3 天适量浇水一次，并注意补株。

(2) 施肥。在栽前一个月，以发酵好的有机肥作基肥。以腐熟好的栏肥为例，每穴施 25 千克腐熟的栏肥加 1 千克磷肥，施好后加土覆盖。

在施追肥时，花前期以氮肥为主，适当配以磷钾肥。结果树的保花保果肥，以氮肥为主，磷肥为辅。壮果肥，以钾肥为主，配施氮肥。氮磷钾三要素比例为：幼龄期 10:6:6，成龄期 10:6:10。

如是高大老柿树，应以降低树高、调整骨架为主要内容进行树体结构改造，当年

茶树混交林的西山头大平头茶园

春季土壤化冻后应及时施一次高氮型柿树专用肥，足水灌溉。春季没有进行该项管理的，应在5月下旬进行，以配合冬剪，促其新生枝条旺盛生长，为尽快形成新树冠创造条件。

（3）整形修剪。在植后第二年进行定干，选留空间均匀的3个主枝。为了不影响茶叶生产管理，适当提高定干高度，在主干离地面75~80厘米处选留第1主枝，其上每隔10厘米左右配置第2、第3主枝；每个主枝留2~3个副主枝，每个副主枝选留2~3个侧枝。

如是高大老柿树，应在冬剪改造树体结构基础上配合夏剪，调节树体营养分配，促进树体结构调整。其中主要是对冬剪的主干、大骨干枝重截的剪锯口附近发育的当年生枝条进行处理。

（4）采收。柿的采收期一般在9月下旬至10月中旬，果实发育成熟后自果梗部用柿叉采摘，轻采轻放，防止损伤果实和母树，采摘量按市场需求进行。及时分级销售或置于干燥、冷凉的场所，采用常温堆藏，忌风吹。

（5）病虫害防治。为了提高茶叶和柿子的质量安全水平，特别是在施肥与病虫害防治上，要按无公害、绿色或有机要求进行栽培管理。除追肥使用少量化肥外，基本上都使用有机肥。病虫害防治，以农业防治和生态防治为主，强化采剪、耕作、施肥等农艺技术的综合运用，增强树体的抗病能力，消除病虫发生源，同时发挥物理、生物防治的优势，旨在达到无污染、无残留的防治效果。

执笔：天台县特产技术推广站 许廉明 陈 俊
浙江省农业技术推广中心 金 晶

林（果）园套种三叶青模式

基本概况

三叶青，别名金线吊葫芦，属葡萄科多年生藤本植物，主产浙江、江西、福建等地。据《本草纲目》记载，“三叶崖爬藤，性凉、味微甘、辛，清热解毒、活血祛风”，浙江百姓将其用于清热解毒、消肿止痛、活血祛风和小儿高热退烧。现代医学研究发现，三叶青还具有抗炎、镇痛、抗病毒、抗肿瘤等功效，被称为“植物抗生素”。三叶青作为浙江的道地药材，已被列入浙江省中药饮片炮制规范目录。据悉，浙产三叶青市场缺口大，未来市场看好。

遂昌县于2012年进行规模化人工仿野生栽培，主要采用塑料大棚遮荫和普通荫棚遮荫，在生产过程中发现，遮荫是三叶青人工栽培成功的重要因素。受此启发，当地农技人员创新发展了林（果）园套种药材模式，即利用林（果）园等枝叶的自然遮阴条件，在林（果）园下套种三叶青。此模式采用特制帆布袋栽培的方式，实现了对林果空间的开发利用，有效提高了土地利用率，节约了成本，增加了收益。浙江有丰富的林果资源，此模式的推广为山区农民增收致富提供了良好途径。

葡萄园套种三叶青

产量效益

一、投入

总投入约 14.1 元/袋，其中：1.三叶青套装 8 元/袋（含专用帆布袋一个，有机肥料 1 斤，种苗三株）；2.土地整理，开沟、装袋、种植等 1.5 元/袋；3.每年的管理和物化投入约 1.1 元/袋，加上采收挖取的工资，一个周期约 3.5 元/袋；4.土地租金，200 元/亩，每个种植周期为 3 年，合计租金 600 元/周期，按照每亩可放置 1 500 袋折合后 0.4 元/袋；5.简易喷灌， 0.2 元/袋；6.其他费用约 0.5 元每袋。

二、产出

总产出 40~60 元/袋：三叶青种植 3~4 年后成熟开挖，预计每袋可收三叶青块根（鲜药）100~150 克，按照目前约 400 元/千克的鲜药价格，袋产值可达 40~60 元，可创利润 25.9~45.9 元/袋。每亩可收获茎叶 200 千克，可创利 2 000 元。因此，亩产值可达 62 000 元~92 000 元，亩可创利润 40 850~70 850 元。

作物	产量(千克/亩)	产值(元/亩)	净利润(元/亩)
三叶青块根	150~225	60 000~90 000	38 850~68 850
三叶青茎叶	200	2 300	2 000
合计		62 300~92 300	40 850~70 850

茬口安排

三叶青宜选择 4 月初至 5 月下旬或 10 月中旬至 11 月中旬，气温在 10~30℃的时间种植，整地和袋子填土宜提前 1~2 个月完成。

关键技术

以毛竹林下套种三叶青为例。

一、毛竹林培育关键技术

（1）竹林结构调整

① 竹林密度：用以套种三叶青的竹林密度，10 月上旬前一般每亩保持 130~140 株为宜，10 月中旬后可视立地和遮荫度适当的择伐部分，一般每亩保持 90~100 株，且分布均匀。

② 年龄结构：一般以 1 度:2 度:3 度=1:1:1 或（2:2:1）为好，保留少量 4 度竹可在竹林空档处用于填补林窗，以利提高产量和经济效益。

③ 竹杆胸径：在保持竹林分布均匀且能满足三叶青生长的遮荫条件下以胸径 9 厘米左右为好。

(2) 合理施肥。按照平衡施肥的原则均衡地向毛竹提供必需的氮、磷、钾及其他营养元素，以提高肥料的利用率和土壤肥力。根据毛竹大小年的特点，在不同年份，选择不同的施肥方法。

① 当年小年：春笋之后，竹子开始换叶，需要大量养分供给，随即，地下鞭开始延伸，也需要一部分的营养，这是一度（两年）竹中，所需养分最大的时期，这时施一次换叶发鞭肥。施肥重点在 4—6 月。施肥方法应采用沟施或根施（距竹根 40 厘米以外，考虑到毛竹施肥需要，摆放三叶青种植袋时要考虑预留施肥的地方）。

8—9 月是笋芽分化期，施催芽肥有利于增加发笋数量。施肥方法以撒施为好，结合除草进行松土，防止肥料流失。如遇干旱季节，施肥后要及时喷水，否则效果差。

② 当年大年：春笋出后的 3—4 月，林地发笋消耗养分，往往因营养不足，造成许多春笋在林地下长不出，或预留的母竹退败而死。因此，在春笋高峰期，结合挖春笋施发笋肥。在笋穴内施尿素 50 克左右，以利发笋增加产量，并减少退败母笋率。

施肥时要注意几点：一是施肥深度要达到 20 厘米左右；二是不能把肥料直接施在竹鞭上，防止竹鞭烧伤；三是林地土壤湿润施肥才有效果。

(3) 竹笋采收。种植三叶青的竹林通过合理采收可以保证竹笋质量和产量。通过春笋、竹材及少量冬笋的采收，可以达到投入最小，收益最大的目的。

① 冬笋的采收：用以套种三叶青的竹林一般应以方便三叶青的种植和管理为目标，但通过合理的管理，也有少量的冬笋可采挖。一般在 12 月至次年的 2 月份采挖，挖冬笋的原则以不破坏三叶青种植袋为基础。

② 春笋的采收：挖掘春笋应遵从“初期挖笋，中期选笋留母竹，后期笋挖光”的原则。初期的浮皮笋，应该基本挖除。中期关键是要做好留养母竹，一般在清明前后开始留养。留养的原则：做到留匀（分布均匀）、留大（10 厘米左右）、空档处适当早留。一般每亩保持在 50 株左右。留养母笋之后，因养分的不足，导致母笋退败，可在春笋高峰期，在春笋穴内施肥，以补充营养。

(4) 竹材砍伐

① 砍伐时间：竹材砍伐季节一般以春笋大年新竹抽枝展叶后的初夏至冬季砍伐完成，以利增强林地光照，促进新竹生长。孕笋和竹笋出土生长两个季节不能砍伐。

② 砍伐强度：套种三叶青的竹林要以三叶青所需的遮荫条件为要求，一般 10 月上旬前按每亩 130~140 株的密度，10 月中旬适当增加林地的光照，以促使三叶青块根的形成，每年均衡地采伐不可一次性过度采伐。一般采伐 3 度以上的老竹，保持合理的年龄组成结构，并使竹林分布相对均匀。

③ 竹根处理：将伐根竹节打通，再用斧头把竹蔸剖开，撒上尿素或碳氨后覆土，

本页图：林（果）园套种三叶青

促其腐烂。

二、三叶青袋式种植关键技术

（1）林地（果园）选择。宜选择海拔800米以下（冬季冻害林地宜选择海拔600米以下为好）的无水土污染，交通方便，近水源，土层深厚、肥沃、疏松，土壤酸碱度适中的壤土或沙壤土的毛竹林、油茶林、果园（猕猴桃、葡萄）。遮荫密度应能遮挡70％左右的阳光，林地（果园）宜坐北朝南，不宜选择夏天太阳西晒的地块。

（2）装袋填土、播种。三叶青袋式栽培要选择底部通气、不积水和耐腐烂的专用帆布栽培袋，袋底直径为28~32厘米，袋高30厘米。

先将圆袋填土至二分之一袋高，然后每袋添加0.5~1千克有机肥（鸡粪肥除外），然后再装入泥土直至距离袋口3~5厘米为止。3月底4月初气温回暖至10℃以上开始移栽，直至5月底前完成。宜选择雨后阴天或晴天傍晚进行移栽，每袋种植3棵种苗，按等腰三角形进行定位，然后浇足定根水。

（3）种植密度。按照不同的立地条件和不同的林木（果园）情况，一般每亩摆放1 000~2 000袋。

（4）日常管理。种植后要根据天气情况，保持土壤的湿润，一般情况每隔2~3天浇水一次。种植15~20天成活后可结合浇水加一些复合肥的稀释液，促进三叶青苗的健壮，之后勤除草，尽量在10月前使苗健壮、茂盛。新牙开始生长后，在竹林套种的三叶青可将竹枝（竹枝一般50厘米左右，过长的部分予以削除）插入三叶青种植袋中，结合人工除草将三叶青苗引到竹枝上，使三叶青苗爬上竹枝，适当修剪过长的三叶青苗。成活后的水分管理以偏干为宜，有条件的地方在冬天结冰前要用稀疏的树枝或稻草进行覆盖保暖，防治三叶青受冻。第二和第三年管理较为简单，主要为除草、修剪、适当的肥水管理和病害防治。

（5）采挖。三叶青种植三年以后，藤的颜色呈褐色，块根表皮颜色呈金黄色或褐色即可采挖。宜在12月下旬至翌年2月中旬即冬至至惊蛰期间采挖。

执笔：遂昌县农作物站 张善华 马方芳